Oscar Brekell

ゼロから分かる！

日本茶の楽しみ方

ようこそ！
日本茶の世界へ。
日本茶を愛して止まない
スウェーデン人の
オスカルです。

茶摘みは新芽が出てから
ひと月ほど過ぎた頃、
四月初旬から始まります

茶の葉はやわらかな新芽を丁寧に摘み採ります

「新茶」とは、
その年の初めに摘んだ新芽で
作ったお茶のことをいいます

良い茶葉は
じわりと開きながら
豊かな風味や旨味を
生み出します

最後の一滴まで
しっかり注ぐことが大事。
お茶を淹れたら
急須の蓋を開けておくと
茶葉が蒸れることがなく
二、三煎目も
美味しくいただけます

オスカルが伝えたい日本茶の魅力

日本茶が大好きで十年ほど前に初めて来日しました。緑茶大国の日本なら、ヨーロッパにカフェがあるように、日本茶カフェが数え切れないほどあるものと期待していました。実際に京都や東京などを訪ねてみると、日本茶カフェが案外少なく、お茶は家で飲むものだとよく言われてしまいました。それから十年後の今、急須離れも進み、家ですらお茶を飲まない人たちが増え、日常生活のごく当たり前な存在だった日本茶が忘れられかけているとまで思ってしまうほどです。

日本の緑茶は嗜好品としてとてもユニークなものです。日本茶にしかない甘味、渋味、苦味、そして他の茶種にはない旨味と新鮮な香り。日本茶でなければ楽しめない淹れ方に加えて歴史と関連し

たお茶の文化も興味深く、健康にもよく、飲むとホッとするなど、多面的な魅力にあふれています。
千利休が目指した「市中山居」のように、都会にいながら山を感じられるのが日本茶です。しかも伝統を守るだけではなく、先人の知恵と近代の技術を融合することで、多種多様な品種茶や個性豊かなシングルオリジン（ブレンドしない単一生産地や単一品種の仕上げ茶）の日本茶まで、楽しみの幅が大きく広がってきました。日本茶好きにとっては今が一番楽しい時代なのです。そんな素晴らしい日本茶ですから、美しい茶器を使いながら豊かな時間を過ごして欲しいと願っています。きっと毎日の暮らしが、より豊かに感じられるはずです。

オスカルと日本茶の出会い

1985年

南スウェーデンのマルメで誕生。

1990年頃

スウェーデンはコーヒーが主流だが、両親は紅茶派だった。ダージリン、セイロン、アッサムなどを飲み始める。

2003年

初めて日本茶を飲む。苦くて、渋くて驚くが、岡倉天心の著書と出会い日本茶に興味を持つようになる。

2004年

大学に入学。お茶全般を趣味として楽しみ、茶器やお茶の本などを集め始める。一番好きだったのは日本の煎茶。

2008年

大好きな日本茶を仕事にできる可能性を感じ、日本茶インストラクターになることを決意。

2010年

大学の日本語科に編入した後、岐阜大学日本語日本文化研修コースに留学。その間に初めて福岡県と岐阜県の茶園に足を踏み入れ、とても感動する。

2012年

大学卒業後、通信教育で日本茶インストラクターの勉強を始める。試験を受けるため再び来日。しかし帰国前日に届いた不合格通知に号泣。

2014年

日本で仕事をしながら、念願の日本茶インストラクターの試験に合格。嬉しすぎて部屋の中で踊り狂う。その後日本茶輸出促進協議会に就職。

2018年

独立して「ブレケル・オスカル企画合同会社」を設立。お茶のセミナー、イベントの実施や、オスカル・ブランドとしてセレクト茶の販売も計画。

目次

8 オスカルが伝えたい日本茶の魅力
10 オスカルと日本茶の出会い
16 本書の使い方

17 教えてオスカル

第1章 美味しい日本茶の淹れ方

18 茶葉のすくい方
19 急須に茶葉を入れる
20 湯冷ましの方法
22 急須の持ち方
24 急須の注ぎ方
26 大人数に淹れる時は

茶葉別美味しい淹れ方

28 玉露
30 かぶせ茶

32 煎茶
34 深蒸し煎茶
36 煎茶いろいろ
37 深蒸し煎茶いろいろ
38 茎茶
40 番茶
42 地方番茶
44 茎ほうじ茶
45 碁石茶
46 ほうじ茶
48 国産紅茶
50 玄米茶
52 釜炒り茶
54 粉茶
56 抹茶
58 茶コラム 一日の始まりと終わりのお茶

第2章 知っておきたい基本のキ

お茶を淹れる前に

59

60 美味しい日本茶はどこで買う？　どこで飲む？
日本茶のパッケージにある裏ラベルの見方

美味しい日本茶の見分け方

62 荒茶とは
64 日本茶の香りについて
66 日本茶の種類はどれくらいあるの？
68 水道水で淹れてもいい？
70 日本茶の保存方法は？

茶器の選び方

72 急須
74 炻器の急須
76 磁器の急須
78 平型急須
80 ガラスの急須
81 土瓶
82 湯呑み茶碗
84 茶さじ
85 茶筒
86 淹れる前に気をつけること
88 お茶を理解すること
90 茶コラム いつでもどこでも急須とともに

91

オスカルおすすめ

第3章 とびきりの味わい方

友人とゆったり過ごしたいときに
茶葉を愛でる　すくい茶　92

苦渋味を抑えて美味しさ濃縮
氷水で淹れる濃厚旨味茶　94

熱湯を注ぎ二〜三秒おくだけ
贅沢！　香りを楽しむ芳醇茶　96

ワイングラスで優雅に
香り水出し冷茶　98

後味すっきり、大人の味
爽やか！　スパークリング茶　100

自分が好きなお茶を持ち歩く
マイペットボトル茶　101

いつもと趣向を変えて
中国茶用の茶藝セットで楽しむ　102

お茶を淹れる前に
茶葉の香りを楽しむ　104

新しい出会い発見
お茶とお菓子の美味しい関係　106
せんべい　あんこ系の和菓子　羊羹
栗蒸し羊羹　生クリーム系のケーキ
チョコレート　ドライフルーツ

日本茶のヴィンテージ
熟成茶を味わう　108
十年熟成したお茶
熟成茶を作ってみる

一度は味わって欲しい　珍しいお茶
手揉み茶　白葉茶　黄金みどり　110

もてなしの極み
すすり茶　112

第4章

知れば楽しい

日本茶の基礎知識

113

114 輸出茶ラベル、蘭字に見る日本茶の歴史

116 戦後まで続いた蘭字

118 日本茶ができるまで

120 日本茶の製造工程

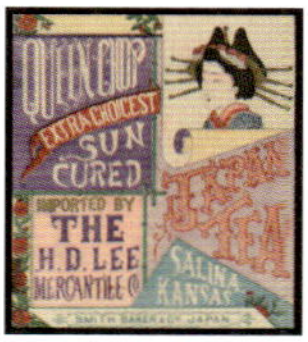

どこから
読み始めても
面白いですよ！

122 日本茶の効能

124 日本茶の代表的品種

128 代表的な茶の産地

130 お茶のいただき方

132 ビジネスシーンでの楽しみ方

134 家庭での楽しみ方

136 本格的な日本茶を楽しめる「日本茶カフェ対談」

137 日本茶カフェ情報

138 終わりに

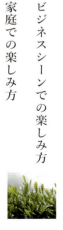

本書の使い方

日本茶インストラクターのオスカルが学んできた日本茶の基礎知識を分かりやすくお伝えします。

お茶の淹れ方や急須の扱い方などがひと目で分かるようになっています。

使用する茶葉の量が一目瞭然です。

お茶の色（水色）が分かります。

淹れる時の温度、茶葉の量、湯の量を大きく表示しています。

お茶の淹れ方の手順を写真で分かりやすく紹介しています。

日本茶大好きチャコさんにオスカルが４コマ漫画で日本茶レクチャー。

大事なポイントにはオスカルが登場してお教えします。

OscarBrekell

ゼロから分かる！
日本茶の楽しみ方

第1章

教えてオスカル

美味しい日本茶の淹れ方

ほんの少しだけ気を配り、
丁寧に淹れてみてください。
ぐっと美味しくなるのが
分かりますよ。

茶葉のすくい方

1.

茶筒に茶さじを差し入れる

茶筒を少し斜めにして、茶さじを下向きにして茶筒の側面に添わせるように優しく差し入れます。

2.

茶筒を回転させる

茶筒を回しながら茶さじに茶葉が載るようにします。

3.

茶さじを引き出す

茶葉をこぼさないようにそっと引き出します。

上手な淹れ方があるように、茶葉の上手なすくい方もあります。細くきれいに仕上げられた繊細な茶葉は、丁寧に扱わないと折れたり欠けたりしてしまいます。その結果、細かくなってしまった茶葉が、茶筒や袋の底に溜まってしまいがちです。そうした茶葉は渋味が強くなり、せっかく良いお茶を買っても最後まで美味しく楽しめず、もったいないことになってしまいます。茶葉をすくう時は、大小ある茶葉をバランスよくとることが肝心です。

急須に茶葉を入れる

茶葉をならす

急須に茶葉を入れたら、茶さじを使って均一に広げます。こうすることで湯を注いだ時に茶葉は満遍なく湯に浸ることになります。

茶葉の量

いつも使う茶さじの目安を知っておきましょう。これで煎茶３g。急須に２杯入れるのが一般的な量となります。

ほうじ茶は軽くかさばるので、これで２gです。

茶さじにすくった時の
茶葉の重さを
一度測っておくと、
だいたいの目安が
分かって便利ですよ。

湯冷ましの方法

1. 沸かしたお湯をケトルから湯冷ましに注ぐ

少し待つと温度は10度ほど下がり、普通煎茶ならこれでバランスよくお茶の香味を引き出すことができます。

2. 他の湯冷ましに注ぐ

上級茶などのように低温で淹れるお茶の場合、湯冷ましを2つ用意したり、他の器を使ったりすると温度を効率よく下げることができます。

3. 茶碗に注ぐ

玉露を淹れる場合など、さらに温度を下げたい時には、湯呑みに注ぎます。これで60度近くまで下げられるとともに湯呑みを温めることもできます。

4. 急須に注ぐ

茶葉が入っている急須にお湯を注ぎます。急須に注ぐことでまた湯の温度が下がります。80度で淹れようと思えば、湯冷ましは1回が目安です。

紅茶や烏龍茶は基本的に熱湯で淹れますが、日本茶の場合は湯を冷ますことが大事な手順になります。そのために湯冷ましという器を利用します。最近は家庭であまり見られなくなってしまいましたが、日本茶好きでしたら揃えておきたい道具の一つです。なければ耐熱のコップや湯呑みなどを使っても構いません。湯冷ましをする時は、器に注ぎ替えるごとに、温度は5度～10度下がります。茶種と目的などに合わせて湯温を調節しましょう。

急須の持ち方

片手で持つ

持ち手を4本の指でしっかり握り、親指で蓋を固定します。

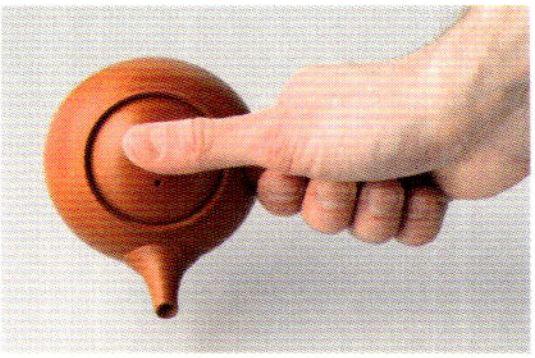

注ぐ時はそのまま持ちながら、手首をゆっくり回転させます。

両手で持つ

急須が大きくなると片手では持ちにくくなることがあります。その時はもう片方の手で蓋を押さえながら、手首を回転させて注ぐと安定します。

指で挟む

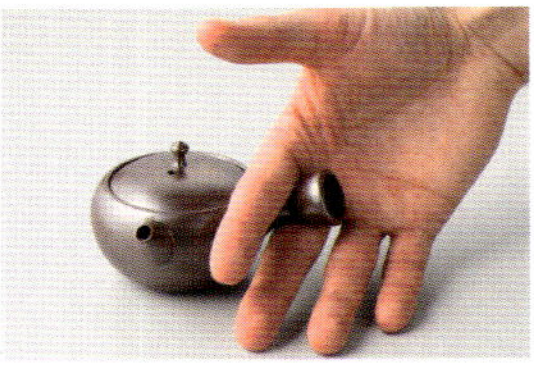

持ち手が短い場合は、指4本で握ることができないので、指で挟む持ち方がよいでしょう。まずは人差し指と中指で持ち手を挟みます。

次にしっかりと握って固定します。蓋は片手の時と同様に親指で固定します。

初めてでしたら少し変わった持ち方のように見えるかもしれませんが、手首を回転して注いでみると安定することが分かります。

急須の注ぎ方

美味しい淹れ方の最後のステップですが、時々注ぎ方が少し荒い人を見かけます。せっかくの日本茶ですので、無造作に行うことなく、雑味が出ないように静かに注いで欲しいものです。ゆっくり丁寧に注ぐと、茶葉が急須の底に広がったままになり、茶漉しの部分に偏らず詰まる心配もありません。

数人分のお茶を淹れる場合は、同じ濃さにするために一気にそれぞれの湯呑みに注ぐのではなく、左の写真のように少しずつ注いで濃さが等しくなるように調節します。これを「廻し注ぎ」といいます。最後の一滴で均等になるようにしましょう。

廻し注ぎ

3　2　1

4　5　6

9　8　7

10　11　12

最後の一滴まで淹れること。お茶を急須に残してしまうと浸出が進んで、2煎目を淹れる時に苦渋味が強く出てしまいます。

淹れるために
残さず注ぎきること！

注ぎ終わったら蓋を開けておく

蓋置きがない場合は、蓋を逆さにして注ぎ口の下に挟んでおくと安定します。

注いだ後に急須にお茶が残っていなくても、まだ熱を持っているため、茶殻が蒸れてしまい2煎目に苦渋味が強く出てしまいます。2煎目も3煎目も美味しく淹れられるように、必ず蓋を開けて熱を逃がします。蓋置きがあると便利で、見た目も美しくなります。

茶漉しに寄った茶葉をならしておく

茶漉しに茶葉が寄ってしまった場合は、急須の側面を軽く叩きながら崩し、茶葉が底に広がるようにします。2煎目も美味しく淹れるためのひと手間です。

大人数に淹れる時は

何かの集まりで大人数にお茶を淹れなければいけない時に、急須は小さいので少し不向きに思えるかもしれませんが、必ずしもそうではありません。まずは大きめの急須と土瓶またはサーバーを用意しておきましょう。普段は煎を重ねるごとにさまざまな味わいになりますが、大人数の時は量を優先して一煎目も二煎目も（場合によっては三煎目も）用意した土瓶に注ぎます。土瓶の中に入っているお茶は同じ濃さですので、あとは注ぎ分けるだけです。こ

『不公平』

1
そっちのお茶がいい！
不公平よ
私もそっちがいい
あちゃ～
2
大人数に淹れる時は濃さを均一にしないと！
簡単な方法を教えるよ♪

その1 急須から土瓶に移す

お茶の一煎目と二煎目を温めておいた土瓶に注いでお茶を貯めます。量を増やしたい場合は三煎目も淹れたり、急須を2個用意したりすることで手早く淹れることができます。

濃さは均一になっているので、廻し注ぎする必要はありません。

のようにしてティーバッグなどではなく、人数が多くても美味しいお茶を味わうことができます。

温度が下がらないようにまず土瓶をお湯で温めましょう。しばらく待ってからお湯を捨てます。200mlほど入る急須を三煎目淹れれば600mlとかなりの量になります。

みんなに
同じ美味しさを
サーブするのが
大事なこと。

3
まずは大きめの急須と……
濃さは均一だったんです

4
でも自分のだけ多く注いだの
あはっ

その2 サーバーに移す

土瓶がない時は耐熱性のものであれば、さまざまな容器が使えます。耐熱ガラスのデキャンタやカラフェなら水色も楽しめるので、サーバーとしておすすめです。この場合も、事前に温めておいてから、お茶を注ぎ入れることをお忘れなく。

茶葉別美味しい淹れ方

玉露

淹れる時の最適温度	茶葉と湯の適量
50℃	6g ｜ 60ml

淹れる時には小ぶりの急須あるいは、上の写真のような持ち手のない宝瓶と呼ばれるものがよいでしょう。

/ 淹れ方 /

茶葉の量は茶さじ２杯分６ｇ

1. 一度ケトルから湯冷ましに注ぎ、そこからもう一度他の湯冷ましに注ぎます。

2. 茶葉を宝瓶に入れます。

3. 茶葉を壊さないように、茶さじで均一に広げます。

4. 冷ましたお湯を宝瓶に注ぎます。

5. ２分浸出し、廻し注ぎして豆茶碗に注ぎ分けます。

とろりとした独特な口当たりと、ふくよかな甘味は、まさに「玉の露」と称されるにふさわしい贅沢な美味しさです。豊富に含まれる旨味成分は、茶園に覆いをかぶせて直射日光を遮る特別な栽培方法によって生まれます。摘み採る３週間ほど前から覆いの下で育てることで、旨味に加え、濃い緑色の茶葉には青海苔のような芳香と強い甘味も感じられるようになります。この旨味と甘味を最大限に引き出すために、低温でじっくり淹れると本来の魅力を存分に味わえます。

茶葉別美味しい淹れ方

かぶせ茶

淹れる時の最適温度	茶葉と湯の適量
70～80℃	6g ｜ 180ml

/ 淹れ方 /

茶葉の量は茶さじ2杯分 6g

1. 茶葉を急須に入れます。

2. 80度まで冷ましたお湯を急須に注いで、1分待ちます。
＊かぶせ茶は渋味が煎茶と比べて少ないので、やや熱めでも美味しいです

3. 廻し注ぎして、最後の一滴まで湯呑みに注ぎ分けます。

かぶせ茶の楽しみ方

・人肌に冷ました湯で淹れると、玉露のような濃厚な甘味と旨味を味わえます。

・熱い湯で淹れると、まろやかな甘味とともに煎茶のような爽やかな渋味も味わえます。

熱湯玉露とも呼ばれるかぶせ茶は、渋味が少なく、熱い湯で淹れても甘いお茶が味わえます。煎茶と同様の栽培法ですが、摘み採る2週間ほど前に、玉露と同じように茶樹の畝を覆って直射日光が当たらないようにして育てられます。これにより独特な海苔のような「かぶせ香」が加わります。玉露よりも覆う期間が短いことで、玉露のようなまろやかさとともに、煎茶の持つすっきりした味わいも併せ持つのが特徴。三重県の伊勢茶がよく知られています。

茶葉別美味しい淹れ方

煎茶

淹れる時の最適温度	茶葉と湯の適量	
70〜80℃	6g	180ml

/ 淹れ方 /

茶葉の量は茶さじ２杯分６g

1. 茶葉を急須に入れ、茶さじで均一に広げます。

2. ケトルから湯冷ましに移して、80度くらいまで冷ましたお湯を急須に入れます。

3. 1分ほどおいてから、濃さが同じになるように廻し注ぎして最後の一滴まで注ぎ分けます。

日本茶を代表する存在でもある煎茶は、楽しみが無限なお茶でもあります。旨味、甘味、渋味、苦味、香りというお茶の特徴をすべて持ち、好みによってそれらを淹れ分けることも可能です。高品質の煎茶は針のように伸びて鮮やかな濃緑色で、艶がある美しい姿をしています。湯温や茶葉の量を変えてみたり、淹れ方のアレンジはさまざまにできますが、それぞれの味わいの要素をバランスよく引き出すために、まずは基本の淹れ方を覚えておきましょう。

茶葉別美味しい淹れ方

深蒸し煎茶

淹れる時の最適温度	茶葉と湯の適量	
70〜80℃	6g	200ml

/ 淹れ方 /

茶葉の量は
茶さじ２杯分６g

深蒸し煎茶は茶葉が細かいので、帯網が付いている急須を使うと、茶漉しが詰まりにくいので安心です。

1. 茶葉を急須に入れ、茶さじで均一に広げます。

2. ケトルから湯冷ましに移して、80度くらいまで冷ましたお湯を急須に入れます。

3. 30～40秒おいてから、廻し注ぎして最後の一滴まで注ぎます。

深蒸し煎茶は関東地方では最も一般的なお茶です。製茶の段階で煎茶よりも蒸気を使った加熱時間を長くしたものですが、実際は工場によって製法が異なり同じ深蒸し煎茶でも見た目も味もだいぶ違います。煎茶よりも茶葉が細かくなっていることが深蒸し煎茶の共通点で、そのため急須の茶漉し網が詰まりやすいので、金属の帯網が付いている急須を使うと良いでしょう。香りよりも、味の濃い緑色の水色と、味の濃厚さが味わいのポイントです。

煎茶いろいろ

香駿《こうしゅん》

茶畑を見ると、葉っぱの形が揃っている「やぶきた」などとは違って、小さくて尖っている葉っぱが目立ちます。見た目の違いだけではなく、フローラルな香りでハーブティーのような味わいも楽しめる非常に独特な品種です。

在来

在来種の茶園は、それぞれの茶の樹が一本一本異なって、ある意味で自然のブレンドともいえます。改良種である品種茶とは違い、茶葉の外観も均一ではなく、味も多少変わりますが、この野趣こそが在来のお茶の魅力です。やや熱めに淹れるのがおすすめです。

やぶきた

国内の茶園の7割ほどを占めているだけあり、まさに日本茶を代表する品種です。甘味、苦味、渋味、旨味は日本茶として最もバランスが取れており、毎日飲んでも飽きない誰にも好まれるお茶といえます。

さやまかおり

葉が長く、節間(葉と葉の間の茎)が短いため、茎が少ないお茶になります。どちらかといえば旨味が少なめの品種ですので、爽やかな渋味と青々とした香りに、あっさりした味わいを楽しむお茶です。

深蒸し煎茶いろいろ

鹿児島

鹿児島の深蒸し煎茶は鮮やかな緑色が特徴です。渋みも少なく飲みやすいお茶です。熱い湯で淹れると蒸れたような香りになってしまいますので、70度くらいのやや低めの温度にして40秒ほどで淹れると、その特徴がよく味わえます。

長崎

深蒸し煎茶は細かければ細かいほど、淹れる時に成分が出るのが早くなります。長崎の深蒸し茶は茶葉の形がはっきりしている方なので、45～60秒で淹れると良いでしょう。

掛川

掛川の深蒸し煎茶は、香ばしいお茶が多いので、80度とやや熱めの湯にして40秒ほどで淹れると美味しく味わえます。

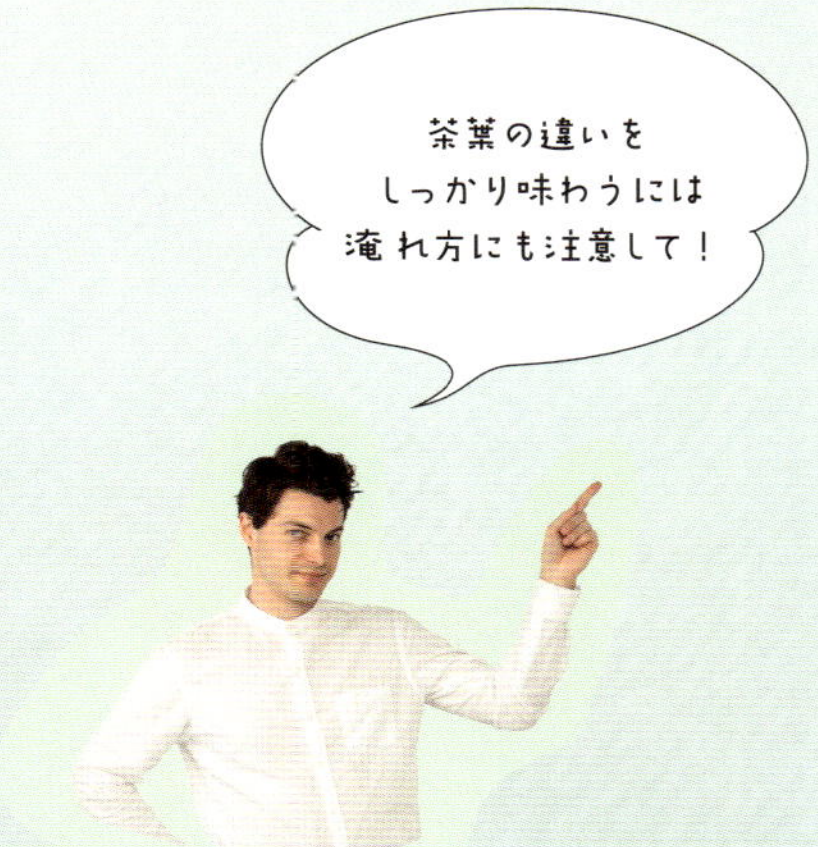
茶葉の違いを
しっかり味わうには
淹れ方にも注意して！

茎茶

淹れる時の最適温度	茶葉と湯の適量
75〜85℃	6g ｜ 200ml

/ 淹れ方 /

茶葉の量は茶さじ２杯分 6g。

1. 茶葉を急須に入れます。

2. 湯冷ましにとって80度まで冷ましたお湯を急須に注ぎます。

3. 1分ほどおいてから、少量ずつ廻し注ぎし、最後の一滴まで注ぎ分けます。

茎の先のまだ開いていない芽とその下の２〜３枚の葉がついているところで茶摘みをします。茎茶になるのは、その茎の部分。煎茶のように何煎も淹れられませんが、淹れやすいお茶のひとつです。

茎茶は、煎茶を仕上げる時に、ふるいわけをして外れた茎でできています。茶葉が含まれていないため味も薄いのではと思われがちですが、良質な茶の茎はお茶の旨味成分のテアニンを多く含む部分なのです。青々とした香りと爽やかな味が特徴です。淹れ方は基本的に煎茶と同じですが、渋味が少ないためやや熱い湯で淹れても美味しく味わえます。玉露の茎で作った「雁が音」も味わってみたいものです。

茶葉別美味しい淹れ方

番茶

淹れる時の最適温度	茶葉と湯の適量	
80℃	6g	300ml

/ 淹れ方 /

茶葉の量は茶さじ2杯分6g

1. 茶葉を急須に入れ、茶さじで均一に広げます。

2. ケトルから湯冷ましに移して、80度くらいの温度まで冷ましたお湯を急須に注いで、30秒ほど待ちます。

3. やや大きめの湯呑みに注ぎ分けます。

番茶を大別すると昔から作られてきたさまざまな「地方番茶」と、二番茶以降に摘み採った茶葉で作る緑茶やそれを原料としたほうじ茶を指すことがあります。二番茶は、一番茶よりも繊維が多く、味は濃厚ではなく、あっさりした味わいのお茶になります。食事に合わせ、やや熱めに淹れると美味しい普段使いのお茶です。

茶葉別美味しい淹れ方

地方番茶

京番茶

淹れる時の最適温度	茶葉と湯の適量	
熱湯	2g	200ml

島根番茶

茶葉の量は茶さじ
山盛り2杯分 2g

/ 淹れ方 /

1. 茶葉を急須に入れます。

2. ケトルから直接、急須に熱湯を注ぎ30秒ほど待ちます。

3. 熱いお湯で淹れるため、やや厚めの湯呑みに注ぎ分けます。

昔は庶民的な飲み物でしたが、現在は珍しいものとして珍重されるようになってきました。多くの場合、新芽を摘むのではなく、成長した茶の葉を摘み、蒸してから揉まずにそのまま乾燥させたり、炒ったりして作るお茶です。煎茶のような旨味よりも、香ばしさを味わうお茶ですから、熱々の湯で淹れるのが味わい深い飲み方です。有名なのは京都の「京番茶」ですが、こうした番茶は他の地方でも作られています。

茎ほうじ茶

茎ほうじ茶はほうじ茶の一種ですが、茎だけを焙煎しているため、普通のほうじ茶と比べると苦味と渋味が少ない、あっさりした味わいです。ほうじ茶では茎は香り、葉は味などともいわれます。茶の茎をここまで美味しくできるのは日本の知恵のひとつと言ってもいいでしょう。

茶葉の量は
茶さじ2杯分 4g

淹れる時の最適温度	茶葉と湯の適量	
熱湯	4g	200ml

/ 淹れ方 /

1. 茶葉を急須に入れます。

2. ケトルから熱湯を急須に注ぎます。

3. 30秒ほどおいてから、湯呑みに注ぎ分けます。

茶葉別美味しい淹れ方

碁石茶

茶葉の量は
茶さじ1杯分 2g

淹れる時の最適温度	茶葉と湯の適量	
熱湯	2g	200ml

/　淹れ方　/

1. 茶葉を急須に入れます。

2. ケトルから急須に熱湯を注ぎます。

3. 1分ほどおいてから、湯呑みに注ぎます。

見た目も珍しい高知県の特産品は、味も変わっています。乳酸菌などの力を生かして作られたもので、中国のプーアル茶や東南アジアの発酵系のお茶に似ています。特徴は強い酸味と土っぽさを感じる味わいです。生産量は少ないですが、とてもユニークなお茶です。

茶葉別美味しい淹れ方

ほうじ茶

淹れる時の最適温度	茶葉と湯の適量	
熱湯	6g	400ml

/ 淹れ方 /

茶葉の量は
茶さじ 3 杯分 6g

1. 茶葉を大きめの急須に入れます。

2. 熱湯を注いで、30秒ほど待ちます。

3. 廻し注ぎして湯呑みに注ぎ分けます。

食後に欠かせないものといえば、やはりほうじ茶です。基本的には二番茶以降の煎茶を焙煎して作られているものですが、その香ばしさで身体も気分もすっきりします。葉が多いものや茎が多いものなどがありますが、どれも熱湯で美味しく淹れられて、日本の食文化の大事な一部ともいえます。ほうじ茶は家で作ることもできます。煎茶をふるいにかけて細かな部分を除いたら、フライパンなどで好みに合わせて炒ってみましょう。

茶葉別美味しい淹れ方

国産紅茶

淹れる時の最適温度	茶葉と湯の適量	
熱湯	3g	250ml

/ 淹れ方 /

茶葉の量は
茶さじ1杯分 3g

1. 紅茶は熱湯で淹れますが、温度が下がらないように、まず急須を温めておきます。急須はイギリス式のティーポットと同じように磁器が良いでしょう。

2. 急須に入っているお湯を捨てます。

3. 温まった急須に茶葉を入れます。

4. 急須に熱湯を注ぎ、4分ほど待ちます。

5. 水色が楽しめるように白磁の湯呑みやティーカップなどに注ぎ分けます。

最近、国産紅茶が注目されています。外国のお茶のイメージが強い紅茶ですが、かつて日本でも紅茶を製造していた歴史があります。インドから持ち帰った種から育てた茶樹と交配して紅茶用の品種まで育種されていました。その後、海外との競争に敗れる形でのほぼ全滅状態が長く続いていました。国産紅茶は、海外の紅茶よりも柔らかくて優しい味のものが多いのが特徴です。渋味が少なく自然な甘味もあるため、ストレートティーとして楽しまれる方に向いています。

茶葉別美味しい淹れ方

玄米茶

淹れる時の最適温度	茶葉と湯の適量	
90℃	6g	300ml

/ 淹れ方 /

茶葉の量は
茶さじ2杯分 6g

1. 茶葉を急須に入れます。

2. ケトルから湯を直接急須に注ぎます。

3. 30秒ほど経ったら廻し注ぎし、注ぎ分けます。

外国人にも人気がある、ほうじ茶のような香ばしさと煎茶の鮮度を兼ね備えた面白い「フレーバーティー」です。お茶を淹れる時に立ち上る香りもこのお茶の大事なポイントです。なぜ玄米？と不思議に思いますが、茶葉に炒った米粒が落ちてしまい、飲んでみたら案外美味しかったなどのように、その由来にはさまざまな説があります。玄米がブレンドされているので、熱い湯で淹れても茶の苦渋味をあまり感じることのないライトな味わいです。

茶葉別美味しい淹れ方

釜炒り茶

淹れる時の最適温度	茶葉と湯の適量	
80℃	6g	200ml

／　淹れ方　／

茶葉の量は茶さじ2杯分 6g

1. 茶葉を急須に入れます。

2. 湯冷ましはしますが、温度が下がりすぎないようにあまり待たずに注ぐのがポイントです。湯を注ぎ1分ほど待ちます。

3. 廻し注ぎし湯呑みに注ぎ分けます。

日本では蒸し製緑茶が主流ですが、佐賀県や宮崎県などを中心に中国式の釜炒り茶が作られ続けています。味わいの特徴は、あっさりした喉越しと「釜香《かまか》」です。苦渋味はそれほど出ないので、やや熱めの湯で淹れた方がその香りをたっぷりと引き出すことができます。釜炒りは中国から伝わった製法でありながら、日本茶らしい爽やかさが味わえます。日本の茶器はもちろん、中国の蓋碗などで淹れてみるのも楽しいでしょう。

粉茶

淹れる時の最適温度	茶葉と湯の適量	
熱湯	6g	300ml

/　淹れ方　/

茶葉の量は茶さじ2杯分 6g

1. 急須に茶葉を入れます。

2. ケトルから熱湯を直接注ぎます。

細かい茶葉に向く、帯網付きの急須。

3. 待たずに手早く湯呑みに注ぎ分けます。

粉茶は茶葉が細かいために、すぐに淹れられ、濃厚な味になるので、寿司屋や居酒屋などでよく飲まれるお茶です。お茶の持つ個性や上品な香りよりも、食後などの口直し効果が期待されるお茶でもあります。煎茶を仕上げる段階で取り残された細かく軽い部分でできているため、淹れる時には急須に気をつけます。急須に付いている陶器の茶漉しでは詰まりやすいので、かご網が付いている急須または帯網付きの急須を使うのがよいでしょう。

抹茶

淹れる時の最適温度	茶葉と湯の適量
80℃	2g ｜ 100ml

抹茶を点てる前に

茶ふるいで抹茶を濾します。

茶筅を湯に浸して穂先を柔らかくします。

器に残っている水分をきれいに拭きます。

/ 点て方 /

抹茶の量は
茶杓2杯分 2g

1. 器に抹茶を入れ、茶杓でつぶさずに切るように広げます。

2. 湯冷ましで80度くらいまで冷ました湯を注ぎます。

3. 茶筅を使いMの字を書いて泡立てるように振ります。

4. 数人で味わいたい場合は茶碗やティーカップに注ぎ分けます。

日本茶の中で最も歴史が古いお茶の一つです。茶道など日本の文化とともに発展してきたものでもありますが、最近はお菓子などにもよく使われています。とはいえ気楽に飲む人はまだ多くはいません。煎茶と同じように嗜好品として楽しめるものですから、茶筅を手に入れて抹茶を点ててみたらきっと美味しさに改めて気付くはずです。片口のように注ぎ口が付いた大きな器で点てれば、ティーカップや茶碗に注ぎ分けて楽しむことができます。

一日の始まりと終わりのお茶

私の一日は日本茶で始まって、日本茶で終わります。朝は目覚めに渋味が強めのお茶、夕方は緊張を緩めるために、じっくりと旨味を引き出した濃いお茶を飲み、寝る前はほうじ茶の香ばしい香りでリラックスします。余裕がある週末には、香り高く個性ゆたかな品種茶や珍しいお茶を飲んだりします。その時は普段使わないとっておきの急須を取り出し、氷水で淹れるなど味が凝縮されたお茶をゆっくりと味わいます。このようにしていると常にきちんとお茶を淹れているように思われてしまいますが、仕事の移動中や弁当と合わせる時などには、ペットボトルのお茶もよく飲んでいます。

　日本茶は、飲む時間や気分によって、それぞれに適した茶葉と淹れ方があります。どんな場面にもふさわしいお茶が必ずありますので、いろいろなお茶を飲んでみて自分の生活リズムに合うものを追い求めるのも楽しいものです。バリエーション豊かな日本茶ですから、楽しく迷いながらさまざまな産地やいろいろな品種のお茶を、淹れ方も変えたりして味わってみてください。

第2章

お茶を淹れる前に

知っておきたい基本のキ

美味しいお茶と、美味しくないお茶の違いはどこにあるのかご存知でしょうか？

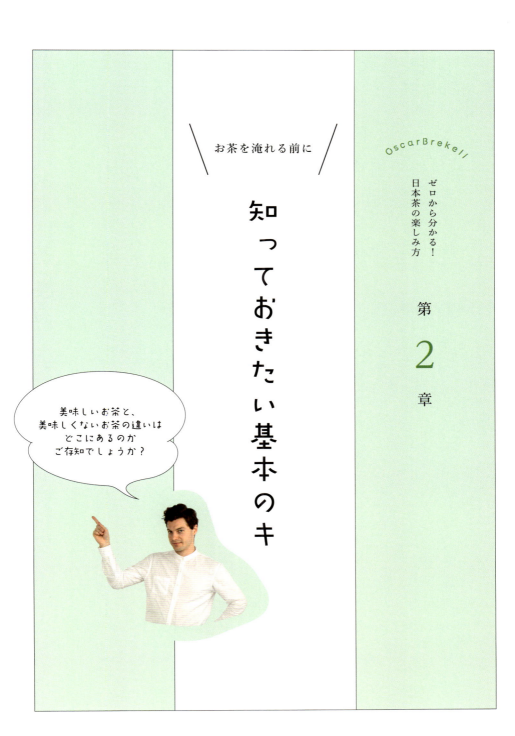

美味しい日本茶はどこで買う？　どこで飲む？

かつては商店街に必ずお茶屋さんがありましたが、次々に姿を消し、現在はスーパーやコンビニなどで日本茶を購入する人も少なくありません。選択肢が減ってしまったと思いきや、インターネットの普及で珍しいお茶をワンクリックで手に入れることができるようにもなりました。しかしお茶に興味があればあるほど、やはり専門家のアドバイスが聞きたいものですし、テイスティングはお店でなければできません。

お茶屋さんの軒数が減ったのに対して、ここ数年都市部では日本茶カフェを見かけるようになりました。産地別や品種別のお茶が飲める場所は、これまでの日本の歴史上最多と言ってもよいかもしれません。コーヒーや紅茶などと同じようにプロに淹れてもらい、あえてお店で日本茶を味わう人たちも増えつつあります。そんな日本茶カフェに足を運んでみると、日本茶の世界がこんなにも奥深いものだったことに驚かれるはずです。きっと自分に合うお茶との出会いがあると思います。

ネット通販

専門店に出かけなくても珍しい日本茶を購入できるようになりました。試飲ができないリスクはありますが、気になる品種茶などを手に入れるなら、とても便利です。

日本茶専門店

商店街に昔からあるような日本茶専門店では、お茶の販売だけではなく、淹れ方から保存方法までいろいろとアドバイスを受けることができます。日本茶好きなら出かけてみなくてはもったいない場所です。

日本茶のパッケージにある裏ラベルの見方

パッケージの裏ラベルには茶種などが必ず掲載されていますが、産地名や品種名などを載せる法的な義務はありません。しかし詳細をよく読むと、お茶の素性が見えてきます。(2018年4月現在)

名称
煎茶であるかほうじ茶であるか、茶種が書いてあります。袋の表や商品名に「煎茶」などが入っていない場合はここを確認します。

原材料名
ほとんどの場合は緑茶としか書いてありませんが、香料や着色料が使われているかどうかは、ここを見ると確認できます。

原料原産地名
国産としか書かれていない場合が多いですが、パッケージの表面などを見たりすると、地名まで書いてある場合もあります。掲載されていない時は販売者に聞くとよいでしょう。

内容量
100g入りが一般的ですが、少量ずつ新鮮なうちに楽しむなら50g入りなどの少量サイズがおすすめです。

名称	煎茶
原材料名	緑茶
原料原産地名	静岡県
内容量	100g
賞味期限	△年△月△日
保存方法	直射日光を避け、移り香に注意して保存してください。
製造者	○●農業共同組合静岡県○●市○● 1-1

賞味期限
法律上掲載しなければなりませんが、未開封の袋であれば何年も持ちます。意外なことかもしれませんが、賞味期限が近い商品でもとくに気にしなくて大丈夫です。

製造者
茶園など製造者の名が入る場合のほか、販売店、輸入業者の名が記載されることもあります。

保存方法
未開封のものでも、記載の通り注意するに越したことはありません。開封したものは茶筒など密封できる容器に移し替え、早めに飲み切るようにします。

どんなお茶なのかを
理解するために、
裏ラベルも
忘れずにチェック!

日本茶カフェ

ここ数年軒数が急激に増えており、独特な雰囲気を味わいながら、バリエーション豊かな日本茶を楽しむことができます。知らなかった日本茶に出会えるのはもちろん、淹れ方やアレンジなどの参考にもなります。

美味しい日本茶の見分け方

良いお茶は姿が美しく、そのまま食べても美味しいものです。手元に日本茶があれば、それをチェックすることから始めてみましょう。高級茶と呼ばれるものは、春の若い新芽を摘み採って作られたものです。製茶の工程で揉みながら乾燥させることによって、きれいによれた茶葉が出来上がります。この段階は荒茶(下の説明参照)と呼ばれ、さらにふるい分け等の選別をすることで、細かい粉や硬化した茎が除かれ、良質な茶葉だけを製品とします。

では、良いお茶とはどのようなものでしょうか。お茶の葉をよく見てから手で持ってみましょう。品質の良いお茶は、茶葉がきれいな紡錘形に、しっかりとよられているので、密度が高くなり重さを感じます。形や色、艶の良さを確認したら、香りを嗅いでみましょう。爽やかな若葉の香りと、甘い香りを持つものが美味しいお茶です。

荒茶とは

お茶の生産者が、生葉を茶工場で加工したのが荒茶です。荒茶は茎や粉などが入った不揃いの状態で、水分も5パーセントと長期保存には向いていません。製茶問屋は荒茶を仕入れ、粉と茎などを除き、火入れ(乾燥)をして仕上げます。仕上げによって荒茶から雑味を取り除き、品種や産地の特徴などがより分かりやすくなります。ただし火を入れすぎるとほうじ茶っぽくなり、鮮度を感じない煎茶になりますので、技術を要する作業です。

1. 茶葉を黒いお盆に載せる

良茶であるかどうかを判断するにはある程度の量が必要です。

2. 平均につまみ取る

茶葉の形などに偏りがないように、平均的にそろったところを選ぶイメージでたっぷりと茶葉をつまみ取ります。

3. 量感をチェック

品質が高い一番茶は細く締まり、手に取ってみると量の割に重く感じます。一方、二番茶などは繊維質が多く、偏平なので、軽く感じます。

4. 感触や色艶をチェック

良いお茶は手から滑り落ちるかのような滑らかさを感じます。艶があるのも高品質である要素の一つです。

5. 芯のよれ方をチェック

締まりが良く、針のように伸びているのは良いお茶の証。茶葉だけをつまみ、きれいによれているか確認します。

6. 香りをチェック

鼻を近づけて茶葉の香りを嗅ぎます。鮮度の良さを思わせる爽快な香りや、甘い香りなど、香り高いものは良質です。

日本茶の香りについて

フレッシュな
若葉の香りを味わえるのは、
世界のお茶にはない、
日本茶だけの特徴です。
この香りにはリラックス効果も
あるんですよ！

一般的に日本茶は旨味を楽しむものだと思われていますが、良いお茶は香りも十分に楽しめます。紅茶や烏龍茶は製造段階で生葉を萎れさせるため、花のような香りが生まれたりしますが、日本茶はそれとはまた別の意味で魅力的な香りを感じさせてくれます。日本茶は茶摘みをしたら可能な限り早く製茶作業へと進めることが肝心です。萎れさせずに、生葉が傷む前に速やかに蒸すことで、畑で青々と育った自然な香りを保ちながらフレッシュ感のあるお茶にすることができます。私が日本茶を好きになったのも、このナチュラルな味わいでした。お茶を飲み慣れた日本の人たちは、当たり前に感じていることかもしれませんが、緑豊かな茶畑をイメージさせる風味は、他の国のお茶にはない日本茶の大きな魅力です。急須から湯呑みに注がれたお茶は、いわば自然そのもの。一口お茶を飲めば、口中に広がる香りから日本の美しい風景が心に浮かび、香味を贅沢に楽しむことができるのです。

日本茶を香りと味わいで分類

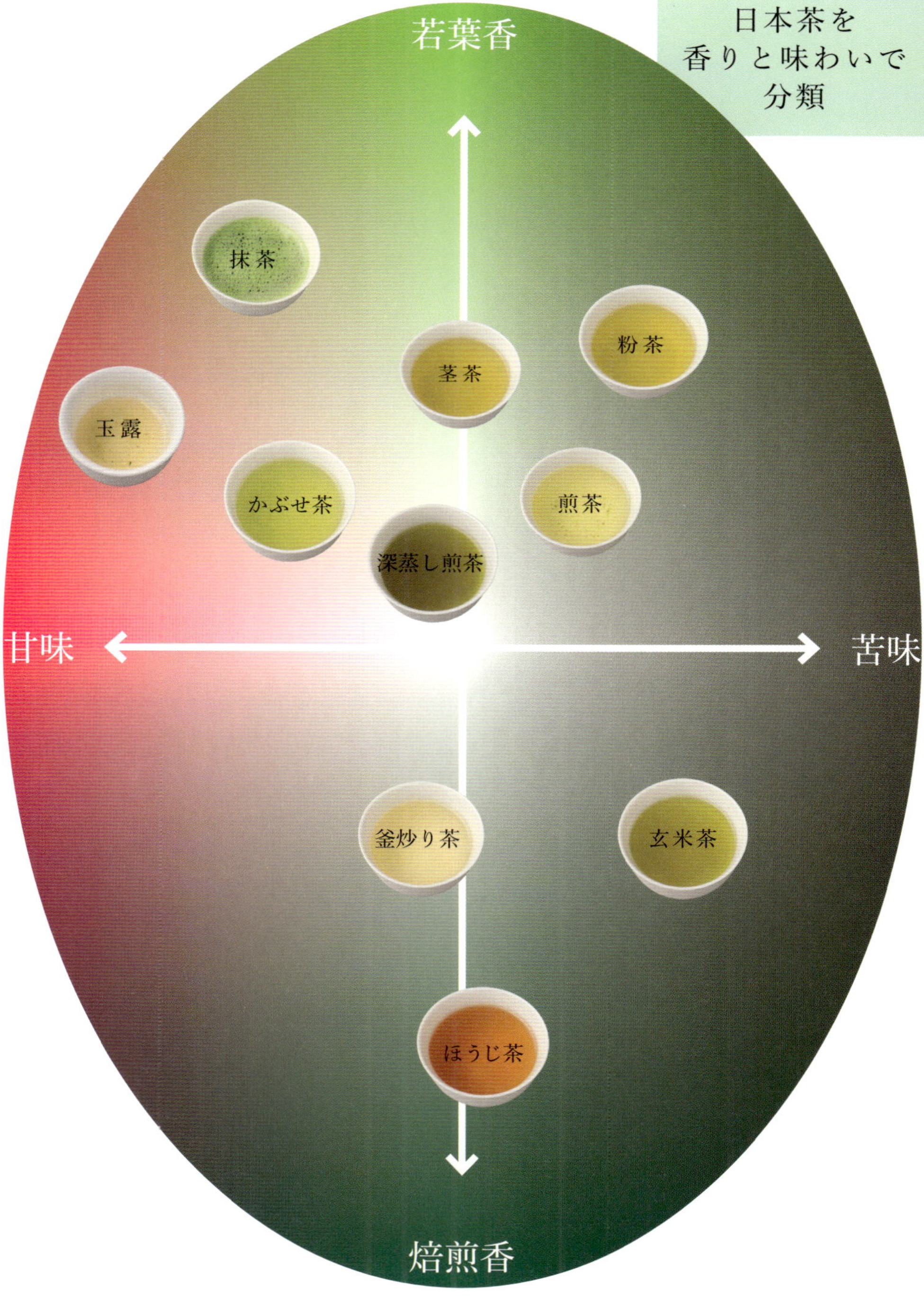

日本茶の種類はどれくらいあるの？

緑茶といわれるものには煎茶、番茶、玉露など製法によっていくつかの種類があります。そして一度製茶したものをさらに加工した、ほうじ茶や玄米茶もあります。意外なことに、緑茶も烏龍茶、紅茶も、原料となるお茶の葉に大きな違いはありません。異なるのは茶葉に含まれる酵素の働かせ方です。緑茶は、摘んですぐに加熱することで酵素の働きを抑えるのに対し、烏龍茶は酵素をやや働かせた半発酵の状態にし、紅茶は酵素の力を最大に利用して発酵させてから製茶します。つまり日本の蒸し製緑茶は発酵させないことで、独特の味と香りが生まれているのです。さらに同じ煎茶でも品種によって、味と香りが劇的に変わります。ぶどうも品種によってワインの味が変わるように、日本茶も単一品種で作られたものを味わってみるととても豊かな世界が広がっていくのが分かります。ハーブの香りがするものから桃やメロンを思わせるものまで、日本国内には百種類以上の品種が存在しています。

被覆《ひふく》栽培（覆い下栽培）

茶の樹は太陽の光を浴びると旨味成分であるテアニンは渋味と苦味を与えるカテキンへと変わっていきます。旨味が重要視されている玉露や碾茶（抹茶の原料）は、摘み採る前に茶園によしずと藁または寒冷紗をかぶせます。強い旨味のほかにも、濃い緑色と独特な「かぶせ香」が被覆栽培の特徴です。

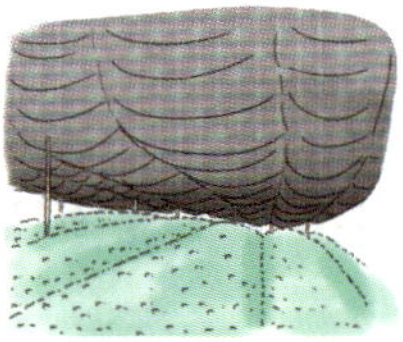

露天栽培

煎茶は産地の環境を最大限に活かして露天で栽培されます。

緑茶には蒸し製と釜炒り製があります

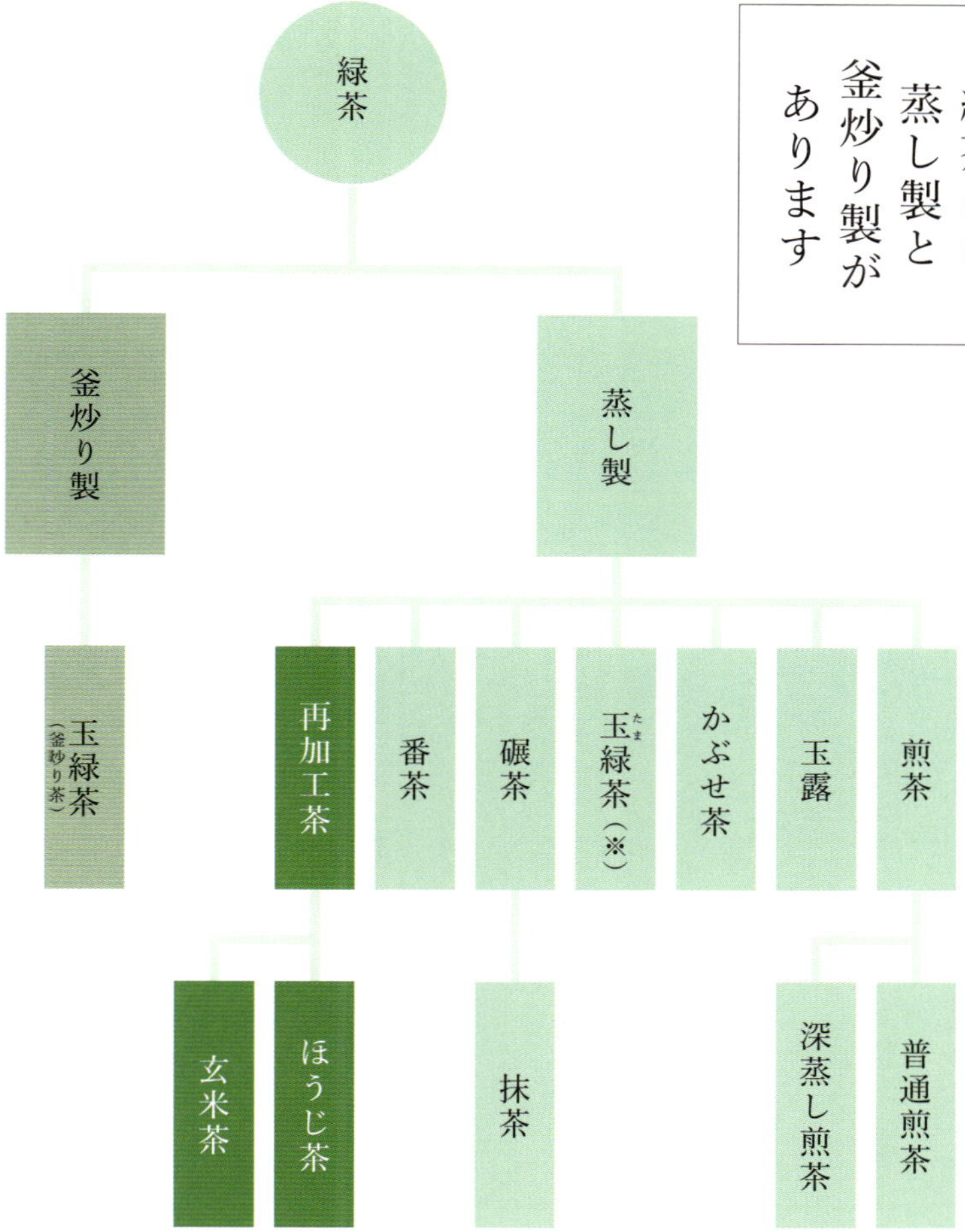

緑茶
釜炒り製
蒸し製
玉緑茶（釜炒り茶）
再加工茶
番茶
碾茶
玉《たま》緑茶（※）
かぶせ茶
玉露
煎茶
玄米茶
ほうじ茶
抹茶
深蒸し煎茶
普通煎茶

このほかにも
品種の違いによって
美味しさはいろいろ！
日本茶の世界は
奥が深いですよ〜。

※玉緑茶とは茶葉を煎茶のようによらず、丸みを帯びた形に仕上げたもの。

水道水で淹れてもいい？

お茶はワインやジュースなどと違い、お水またはお湯に浸して初めて飲み物になる「インスタント飲料」です。従って、お茶にふさわしいお水を選ぶのがとても重要です。とはいえ安心安全な水道水が飲める時代に、あえてペットボトルの天然水などを使うことが面倒だという人も多いでしょう。実は、水道水でも十分に美味しいお茶を淹れることができます。地域によっては塩素臭が強い場合がありますから、そうした時には臭いを抜くために必ず十

『大丈夫？』

お茶に合う水とは？

水は硬度が30～80㎎／L程度の軟水から中程度の硬水がお茶に適していると言われます。日本の水道水は、この条件にほぼぴったりなのです。

水道水で美味しく淹れるには

1　汲みおく

ケトルなどに水を汲みおき、半日ほどおくと塩素臭は抜けます。夏場などは冷蔵庫で保存するようにしましょう。

2　沸騰させる

ケトルやポットの水を沸騰させたら、蓋を外して三～五分沸かし続けると塩素臭が抜けやすくなり、お茶を淹れるのにふさわしいお湯になります。

分に沸騰させてください。お茶がとても好きで、水にもこだわりたいということでしたら、浄水器を使用すると、塩素臭抜きのために沸騰させる手間もなく、冷茶なども淹れやすくなり、さらによいでしょう。浄水器は水道の蛇口につけるタイプでも、水を貯めておくピッチャータイプのものでも、お好きなものをお選びください。

実は、日本の水道水は日本茶によく合う、とても美味しい水なのです。

3
浄水器は水道の蛇口につけるタイプなんだけど大丈夫？
大丈夫…

4
ピッチャーに貯めるタイプの浄水器でも大丈夫？
まず一回淹れてみようか!!
大丈夫だから！

海外でお茶を淹れる時は？

水質が違うためどんなに良いお茶であっても美味しく淹れることができないという話をよく耳にします。その原因は硬水であることなどがよく挙げられています。海外では軟水の地域もありますが、硬水の地域のほうが多く、基本的には日本茶には向いていない所が多いようです。

硬水でも美味しく淹れるには？

十分に沸騰させることによって、ある程度水の硬度を下げられる場合があります。そして用意できるのであれば、軟水を使うと、海外でも美味しい日本茶を飲むことができます。

日本茶の保存方法は？

日本茶は基本的に質が高く、非常によくできています。しかし光や湿気、高温、そして酸素にさらされることによる劣化が目立ちやすいのも日本茶の特徴です。日本茶は、パッケージを開けたら密封性の高い容器で保存するようにします。冷蔵庫に入れる場合は、いくつか注意して欲しいことがあります。ひとつは一度開けたものを冷蔵庫から出し入れすると温度の変化で結露が起き、茶葉の劣化につながってしまうことです。

『冷蔵庫』

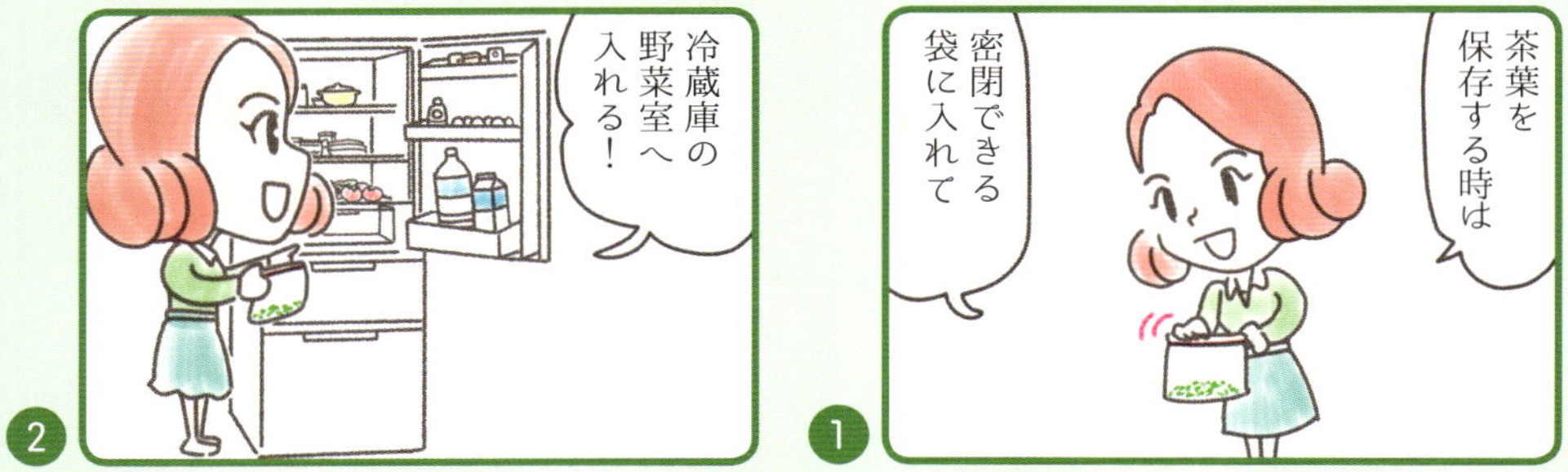
1
茶葉を保存する時は
密閉できる袋に入れて
2
冷蔵庫の野菜室へ入れる！

日本茶の保存で避けたいワースト5

湿気
じめ〜
酸素
高温
光
匂いの強いもの

ちょっと待って！
冷蔵庫で保存する時は
注意が必要ですよ。

また、密封できるチャックが付いている袋でしたら、空気をできるだけ抜いて閉じ、湿度が低く、暗い場所で保存します。なければ、密封できる茶筒などに入れ替えます。ただ開封した場合はどうしても品質が落ちてしまい、特に夏場は劣化の進みが早いので、なるべく早めに飲み切るようにしましょう。

3
超簡単だ♪
4
ここ野菜室じゃなくてパーシャルだよ
あっ

冷暗所ってどこ？

お茶の保存に適しているのは、湿度が低く、温度変化のあまりない、暗いところといわれても、ピンとこない人が多いかもしれません。日の光が入らず、外気温の影響も受けにくい場所としては、キッチンの収納戸棚の扉の中が、冷暗所としてはおすすめです。夏場でも温度が15度以上にならないのが理想ですが、心配なら匂いが入らないように密封して、冷蔵庫の野菜室で保存するのもよいでしょう。

茶筒に入れる時は

すぐに使い切るのであれば、茶葉をそのまま入れても大丈夫。

1週間以上保存するのであれば、茶の入った袋の空気を抜き、口をしっかり閉じてから、茶筒に入れ冷暗所で保存するようにします。

急須

良い急須があると、お茶を淹れる時間がより楽しくなります。

お湯の温度、浸出の時間によって、お茶の美味しさは大きく変わります。長く使えるものですから、納得のいく急須を選ぶことが大切です。

急須は見た目のデザインだけで選ぶ人が多いようですが、急須はあくまでもお茶を淹れるための道具です。お茶の香味を十分に引き出せなかったり、使い勝手が悪かったりしたら、結局はただの飾りとなってしまいます。

急須を選ぶ重要なポイントをお教えしましょう。使い勝手のよい急須でお茶が美味しく淹れられると、本当の意味でお茶との豊かな付き合いが始まります。ぜひ選び方を参考にして、長く使える急須を手に入れて欲しいものです。

美味しい日本茶のために、
急須には細やかな工夫が
いろいろ。

1．蓋の合いが良いかを確認

まずは蓋が本体とぴったり合うかどうか確認しましょう。蓋がガタついていると、注ぐ時に蓋と本体の間からお茶が漏れてしまいます。

2．茶漉しの形状を確認

穴がたくさん空いている陶器網は、詰まることがなく注げます。深蒸し煎茶など細かい茶葉には、金属の帯網などが付いたものが使いやすくなります。

蓋の作りが良いと、穴をふさいだ時に注ぎ口から茶が出ない

状況が許せば、急須から湯呑みに水を注いでみると、良し悪しがはっきりします。蓋の穴を指でふさいで注ぐと、水の流れが止まります。これは急須の出来が良いという証拠の一つです。

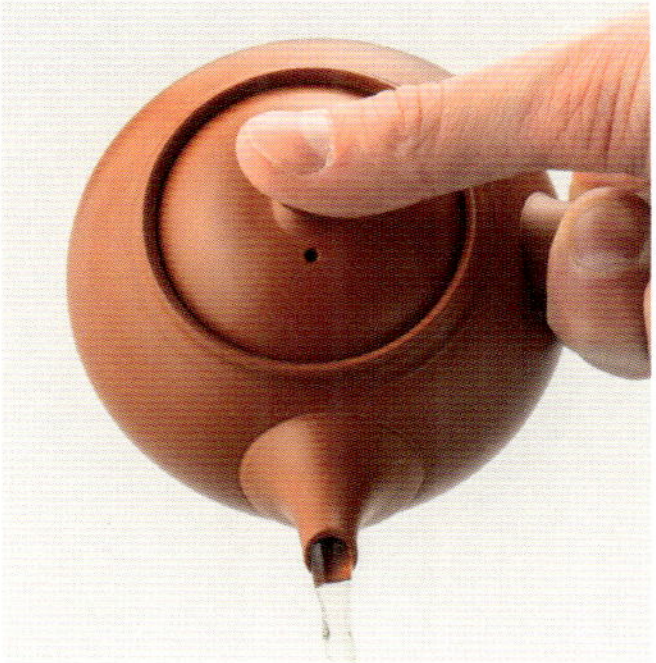

急須の形とバランス

持ち手と注ぎ口の角度

注ぎ口をよく見ると、持ち手に対して90度より持ち手側に寄っていることが分かります。これが、湯呑みなどに注ぎやすい絶妙な角度なのです。

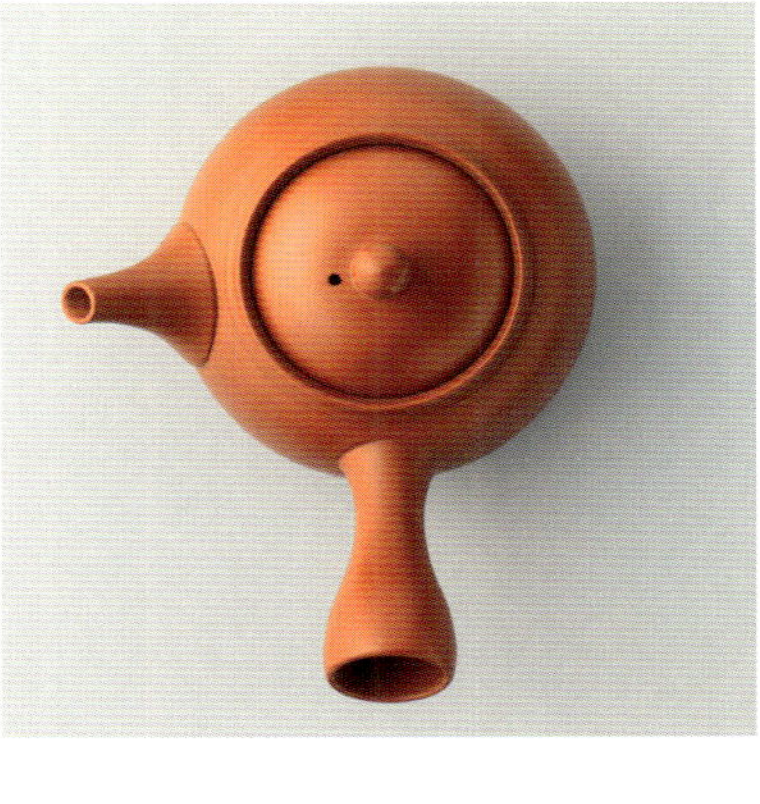

茶器の選び方

炻器《せっき》の急須

煎茶を美味しく淹れるために作られた炻器の急須は、良いものになるほど茶漉しの網が細かく作られているのが分かります。

炻器は陶器と磁器の中間に位置するもので、焼締とも呼ばれます。日本茶を美味しく淹れようと思えば、この炻器の急須に勝るものはありません。急須がお茶の雑味をほどよく吸着して、お茶のまろやかさを際立たせ、美味しく味わうことができます。なかには「お茶を食う急須」と言われるような香味をぼんやりさせるものもありますが、炻器ならおおむね問題はありません。代表的な産地には愛知県の常滑《とこなめ》と三重県の四日市（萬古《ばんこ》焼）があります。

日本茶好きとして、
一つは持っていたいのが
炻器の急須です。

磁器の急須

日常的に使われ、茶器の売り場でもよく見かけるのが磁器の急須です。磁器は吸水性がなく釉薬が施されているのが特徴です。そのためお茶を淹れた時にお茶の成分を吸着することがなく、美味しい要素に加えて、渋味、苦味などをストレートに出します。品評会などで日本茶を審査する際に使われる「審査茶碗」も磁器ですので、ある意味でお茶の本質を知るために適したものともいえます。つまりお茶のすべてを味わえるのが磁器の急須と言ってもいいでしょう。絵付けなどをされたものも多く、加飾の美しさも磁器の魅力です。

急須と同じ素材の茶漉しは、金属のように劣化の心配がなく、お茶の味を損ないません。

急須の内側に金属網が付いたものは、茶葉の細かい深蒸し煎茶に適しています。

金属のかご網が付いたものもよく見かけますが、長く使っていると金属のコーティングがはがれ、お茶に金属臭が移ることがあります。急須を使用する頻度によりますが、かご網は半年〜1年ほどで新しいものに交換するようにすれば安心です。

急須の中の
茶漉しにも
気を配ることが大切。

茶器の選び方

平型急須

美味しいお茶を味わうために作られたポイントの一つが急須の底の形状です。茶葉を均一に広げられることで、それぞれの茶葉から均等にお茶を抽出することができます。細かい茶葉もしっかり受け留める、茶漉しの目の細かさにも注目。いろいろな茶種に対応できる汎用性を持っています。
さらに注ぎ口の形状にもこだわりがあります。最後の一滴まで注ぎ切るために、口の裏側に伝わることを防ぐ形となっています。

お茶の旨味を味わう特別な飲み方もできる急須です。

平型急須は姿形もよく、私の大好きな急須の一つです。この形はお茶をより楽しく、美味しく味わうために考案されました。底が平面で広く、茶葉を薄く均一に広げられるため、ここに冷水を注ぐことで日本茶ならではの濃厚な旨味を短い時間で誰でも簡単に楽しむことができます。濃厚旨味茶（P94）として紹介していますので、ぜひお試しください。旨味と甘味を最大限に引き出した後、二煎目からはお湯を使い、通常通りに味わいます。

ガラスの急須

ガラスの急須の魅力は、茶葉が広がる様子を眺めながら、お茶の色合いを楽しみつつ、ゆったりとしたティータイムを演出できることです。お茶は味と香りだけではなく、見た目も茶葉によって違うので、美しい姿を愛でてから飲むと、より一層美味しく感じるはずです。透明で涼しげな姿は、冷茶を淹れる時にもおすすめです。ガラスは磁器と同じように雑味の吸着がなく、お茶の味がストレートに出るため、シャープな味わいとなります。

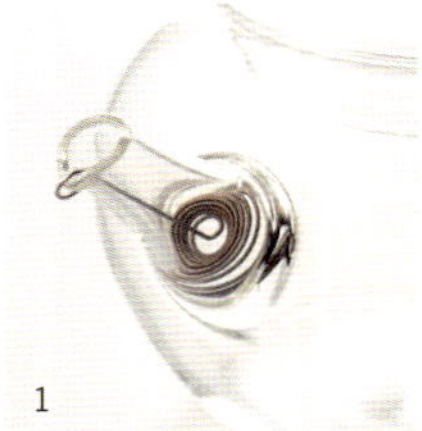
1

2

3

1. 注ぎ口にぴったりと付けることができる金属製の茶漉し。
2. 取り外して洗うことができるので、いつも清潔に使える。
3. シンプルにお茶を淹れるために考えられた一人用の透明急須。特殊な樹脂で作られているので、割れることがなく軽いのが特徴。

茶器の選び方

土瓶

一般的に急須よりも容量が多く、日常使いとして活躍するのが土瓶です。胴の両端に耳を付け、持ちやすいつるが渡してあるのが特徴で、利き手を選びません。元々は直接火にかけられるものでしたが、最近は急須代わりに使用するものも増えています。土瓶が似合うのは、やはり熱いほうじ茶でしょう。寒い日に大きめの湯呑みで手を温めながら飲むと心も温まります。厚手の土瓶は熱を保ち、すぐに冷めないのもうれしいところです。

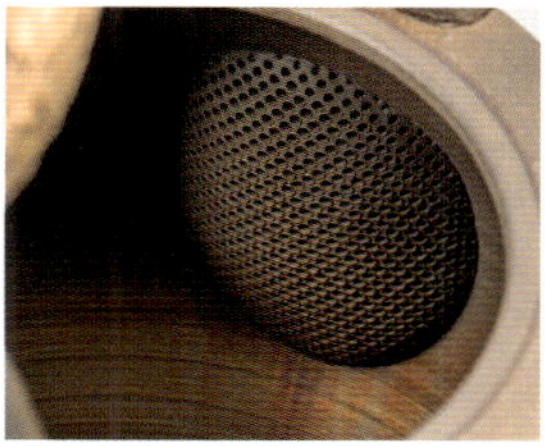

土瓶には焼締のものや、釉薬のかかった陶器などいろいろな種類があります。ほうじ茶や番茶を淹れるために、茶漉しは粗めのものが一般的ですが、煎茶にも適した細かめの茶漉しのものなら、リラックスして使える日常用として重宝します。

茶器の選び方

湯呑み茶碗

美味しく飲むなら磁器の茶碗がベスト

1．形による違い

筒型　　　汲み出し

汲み出し茶碗とは、口径よりも高さの方が低いもので、来客用として使われることが多い茶碗です。上部が広がった形は香りを感じやすく、縁が薄く口当たりがよいので繊細な味を楽しめます。筒型のものは、カジュアルに使える湯呑みです。

2．内側の色

水色（お茶の色）を愛でるには、内側が白い茶碗に勝るものはありません。

せっかく美味しい
お茶を淹れたら、
湯呑みにも
気を遣わないと
もったいない！

お茶は淹れ方によって味わいが変化するものですが、それを味わう湯呑みによっても美味しさは変わってきます。まず、美味しく淹れたお茶の旨味や甘味を損なうことなく味わえる器であることが大事なポイントです。急須として選ぶなら、炻器は雑味などを吸着してくれるありがたい存在ですが、湯呑みとして使うときには成分の吸着が進みすぎるとお茶の味わいを弱くしてしまうこともあります。そのため、磁器の器が適しているといえます。

茶さじ

木製の茶さじの魅力は、使うほどに良くなる色艶と、手にしっくりなじむ形の美しさです。スムーズに茶葉をすくうなら、金属製がおすすめ。いずれの場合も、茶筒の中に入れたままにすると、匂いが茶葉に移るので、別にして保管するようにします。

計量器にもなり、便利な道具である茶さじですが、今どきは茶さじを使っている人は少ないのではないでしょうか。せっかく良いお茶を買って、そのために好きな急須を用意するのでしたら、茶さじにもこだわってみて欲しいと思います。木製か金属製か、どちらでも構いませんが、淹れ方によっては急須の中の茶葉を茶さじで広げたり、水またはお湯に触れたりすることもあるので、金属製の茶さじは使い勝手がよいといえます。

茶器の選び方

茶筒

密封性の高い容器なら、茶筒として使用できます。日本茶用の茶筒は中蓋がぴったり、隙間なく収まるものを選べば密封性がよく安心です。

日光、湿気そして酸素は日本茶が劣化する原因になります。できるだけ密封性の高い容器で保存することが大事です。茶筒を持っていなくても、コーヒーや乾物を保存するための容器が各種出回っています。伝統的な茶筒よりも密封性が高いものもありますので、必ずしも日本茶専用のものではなくても大丈夫です。ただし購入してからは、必ず日本茶専用として使いましょう。コーヒーやスパイスなどを入れた後では、お茶に匂いが移ってしまうので注意が必要です。

職人の手業で作られたクラシックな茶筒は、上蓋や中蓋が重みだけでスーッと落ちる精巧な作りで、密封性の高いことが分かります。インテリア性もあるので、お茶のある暮らしをより豊かに楽しめます。そして重要なことは、茶筒に入れても早めに飲み切ることです。日本茶はパッケージを開けた瞬間から急速に鮮度が落ち始めます。特に湿度が高い夏は劣化しやすいので、できるだけ早く飲み切ることが大事です。

『茶葉』

淹れる前に気をつけること

日本茶を淹れる時に、気にかけたい二つの素材があります。それは茶葉と水（お湯）です。そのどちらかでも美味しくなければ、美味しいお茶を淹れることはできません。まず茶葉ですが、コーヒー豆を吟味してコーヒータイムを楽しむように、日本茶の時間をゆったりと味わいたい時には良い茶葉を準備しましょう。茶葉の種類によって香りも味もいろいろ違ってきます。好みの茶葉が見つかる

『茶器』

茶器カタログ
どれを選ぶべきか分からない～
お茶のことなら何でも教えるよー
じゃあ質問！これって
どれどれ
常滑焼
なんて読むの？
そっから教えるのー!?

までは、専門店でおすすめを教えてもらい、丁寧に淹れてみることから始めるとよいでしょう。お水は、日本国内の軟水でさえあれば、ミネラルウォーターでも水道水でも大丈夫。水道水の場合は塩素臭を抜くために十分に沸騰させることをお忘れなく。素材を吟味してからは淹れる茶器にも少し気を配りましょう。急須の材質によって微妙に味わいが変わるものですが、常滑焼や四日市萬古焼など有名な産地の茶器であれば基本的には間違いありません。

美味しいお茶は、
良い茶葉と
良い水があってこそ。

『玉露』

お茶を理解すること

日本茶は品種や育て方、製茶の仕方、茶種によっていろいろな味を楽しめます。そして、その味や香りをきちんと出すには、それぞれに淹れ方があります。例えば、玉露は旨味と甘味が凝縮されたお茶なので、熱いお湯を使わずに約50度まで冷まします。非常に味が濃くでるため、小さい豆茶碗でゆっくりと味わいます。これとは逆に、番茶やほうじ茶は香りを引き出すために熱湯で淹れま

す。ぬるいお湯で淹れると物足りないように感じてしまいます。このようなお茶は、特に食後に飲むと口の中も気分もすっきりします。煎茶は淹れ方を変えることで、好みや気分に合わせて香味を調整できますから、お湯の温度、茶葉の量など条件を変えて淹れてみるのも楽しいでしょう。深蒸し煎茶は茶葉が細かく、成分が早く出てしまうため、湯を注いでから浸出する時間を煎茶よりも短めにします。金属の網またはかご網が付いている急須を使うと便利です。

『深蒸し煎茶』

1
チャコさんが深蒸し煎茶を淹れている
2
深蒸しは【淹れ時間が短い】のがポイント
知ってるかな?
3
まだ淹れ時間が短いけど……
早く飲みたいから飲んじゃえ!
トポトポ
4
ちゃんと知ってるんだ!
やるねぇ!
私なんで褒められている…?

お湯の温度で、
味わいが変わる
ことを忘れずに。

OscarBrekell

茶 column

いつでもどこでも急須とともに

私は出張先でも旅行先でも、日本茶がないと寂しいと思うほどお茶が好きです。いつでもどこでもお茶が飲めるように、海外に行く時も必ず小さな黒い常滑焼の急須を手荷物に入れることにしていいます。今までこの常滑の相棒とは、14カ国で貴重な時間を過ごしてきました。慌ただしい時でも、余裕がある時でもとにかく日本茶は私の日々の生活に欠かせないものとなっています。

毎日飲む日本茶ですが、海外で淹れてみると味と香りがまったく違います。日本茶は水質に影響されやすいデリケートなお茶だからです。思うように香りがでなかったり、案外日本で飲んだ時と近い味わいがでたり、水の変化に負けやすい品種と強い品種がそれぞれあったりしてとても面白い発見があります。そしてせっかく急須と共に飛び回っていますので、訪れた場所で写真を撮ってソーシャルメディアで発信しています。茶葉と急須さえあれば、日本茶はどこででも楽しめます。皆さんも「マイ旅するお気に入りの急須」を持って色々な場所で味わってみてはいかがでしょうか。

OscarBrekell

ゼロから分かる！
日本茶の楽しみ方

第3章

オスカルおすすめ

とびきりの味わい方

未知の美味しさに、
あっと驚く、
日本茶のミラクルワールド
へご招待しましょう。

友人とゆったり過ごしたい時に

茶葉を愛でる　すくい茶

最初にレンゲですくった茶を空気と一緒にすすり込み、口中に広がる味と香りを楽しみます。

美味しいお茶を淹れるには、注ぎ切ることが大事ですが、それとは違う逆転の発想の、楽しい飲み方をご紹介します。お茶を味わう時には、香味だけでなく茶葉の美しい姿も楽しみたいものです。お湯を注ぎ、茶葉の開く様子を愛でることで、お茶に向かう気持ちも高まってきます。用意するのは大きめの茶碗や器とレンゲ。レンゲで香味を堪能したら、豆茶碗に注いでゆっくりと味わいます。ぜひお茶が好きな仲間と一緒にお楽しみください。

1. 茶碗とレンゲを準備します。友人と２人で楽しむなら１セットでOK。

2. 器に茶葉を6gほど入れます。おすすめは香り高い、山峡（やまかい）、香駿、蒼風など。

3. 熱湯を注ぎます。

4. 茶葉がゆっくりと開いていく様子を楽しみます。丁寧に作られた煎茶はきれいな姿を見せてくれます。

5. レンゲですくって口に含み、香味を味わいます。もう１人の分は豆茶碗に注ぎ、同様に味わってもらいます。

苦渋味を抑えて美味しさ濃縮

氷水で淹れる濃厚旨味茶

1. 茶葉を10g測って、平型急須に入れ、均一に広げて凸凹ができないようにしておきます。

2. 茶葉がちょうど浸るくらいまで、氷水を静かに均一に注ぎます。

3. 茶葉が水分を吸収する姿を味わって、3分経ったら豆茶碗に注ぎます。

日本茶の濃厚な旨味を贅沢に楽しむためには、茶葉をたっぷりと使うことですが、そのままお湯を注ぐと渋味も強くなってしまいがちです。苦渋味を抑えて、旨味と甘味だけを引き出すには、氷水を使います。底が平らでお茶の葉を均一に広げることができる平型急須を使い、氷水を茶葉が浸るくらいに注ぎます。数分後お茶を注ぐ時にはほんの少ししか出ませんが、その凝縮された旨味は口の中で爆発的に広がり、驚きの味覚となります。

4. 豆茶碗を温めて拭いておき、そこに注ぐと立ち上る香りも楽しめます。2煎目からは通常通りにお湯でお茶を淹れて楽しみます。

湯冷ましに氷を入れて、冷水を作っておきます。2煎目からは熱湯を冷ます湯冷ましとして使用します。

熱湯を注ぎ二～三秒おくだけ

贅沢！　香りを楽しむ芳醇茶

1. まず茶碗を熱めのお湯で温めておきましょう。湯を捨てたら、残っている水気でお茶を薄めないように布巾で拭いておきます。

2. 茶葉を6gほど測り、急須の底に広げます。

3. 茶葉が浸る程度の湯量をイメージして沸きたての熱湯を少なめに注ぎます。茶葉を蒸らさないために蓋はしません。

4. 5秒ほど経ったら注ぎます。茶碗の内側を沿わせるように注ぐと茶器の熱で揮発したお茶の香りをさらに楽しめます。

淹れる前にお湯を冷ますのが日本茶を淹れる時の基本ですが、熱湯を使う方法もあります。サッと数秒で淹れることで、香りも旨味も渋味も、ほどよく味わうことができるのです。ほんの一瞬、熱湯で濃縮されたごくわずかなお茶に、想像以上にリッチな香味が引き出されているのを感じることができるはずです。この贅沢な味わいは一瞬で終わるのではなく、口と鼻に長く残りますので、まさに贅沢な味わいです。小ぶりの急須でお楽しみください。

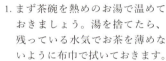

驚くほどのパンチがありますので、
お茶好きなら良いお茶を用意して絶対に試していただきたい淹れ方です。

香り水出し冷茶

1

2

3

4

5

6

7

1. 容器に茶葉を15～20g入れ、700mlの冷水を注ぎます。フィルターインボトル750mlを使用。
2. 蓋をして両手でボトルを持ちます。
3. 茶葉が均一に浸るようにゆっくりとボトルを何度か返します。
4. 冷蔵庫に入れて、2時間以上おきます（寝る前に作り、ひと晩かけてじっくり抽出すると香味がよく出ます）。
5. 飲む時に再度ボトルを上下に返して、茶葉を攪拌します。
6. 均一な濃さでグラスに注げるように、カラフェやデキャンタなどに移します。
7. グラスに注ぎ分けます。
お花見や夕食会などの集まりに持って行く時は、よく洗ったワインボトルに移すとオシャレです。

注意：できた冷茶は冷蔵庫で保存し、24時間以内に飲み切りましょう。

煎茶は冷水で淹れると渋味と苦味があまり出ずに、旨味と甘味だけを引き出すことができます。ボトルに直接茶葉を入れて、冷水を注ぐだけで冷茶ができる、便利な水出し茶用のボトルを使うと手軽に冷茶を楽しめます。茶漉し付きでそのまま注げる便利なものが、いろいろなメーカーから出ていますので、ひとつあるととても重宝します。飲む時にはぜひワイングラスで。香りを楽しむことができ、贅沢で優雅な雰囲気も味わえます。

後味すっきり、大人の味

爽やか！ スパークリング茶

1. 濃いめに出したお茶を耐熱グラスに⅓ほど注ぐ。

2. よく冷やした炭酸水を静かに注ぐ。

日本茶と炭酸、ちょっと意外な組み合わせですが、実はすっきりとした味わいを楽しめる、暑い夏のおもてなしにおすすめの飲み方です。日本茶特有の香りが炭酸の泡とともに鼻に抜け、喉越しも爽やかに旨味が広がっていきます。キンキンに冷やした冷茶で作るのももちろんOKですが、濃いめに出した熱いお茶を、よく冷やした炭酸と合わせるのもおすすめです。ほどよい飲み口で、香りもより感じられるようになります。

自分が好きなお茶を持ち歩く

マイペットボトル茶

1. 水の入ったペットボトルの口にろうと状のものを差し、茶葉を入れます。

2. チャッティーがあれば差し入れます。

3. 蓋をして、一度上下を返して混ぜます。

ペットボトル用
茶こし器

ほとんどの国内製品のペットボトルで使用可能。チャッティー／約250円

どこでも手軽に持っていけるペットボトル茶はとても便利なものですが、出かける時にマイペットボトル茶を作れば、自分好みのお茶を味わうことができます。市販の軟水にお気に入りの茶葉を入れ、冷蔵庫に一晩入れておくだけ。飲む時に茶殻が口に入らないように「チャッティー」のような茶漉しをボトル本体とキャップの間につけると飲みやすくなります。ない場合は、茶漉しで濾してから別のボトルに移します。

中国茶用の茶藝セットで楽しむ

日本茶は香りを楽しむものでもあります。そのためには固定観念に縛られることなく、中国の「茶藝」に使われる道具を試してみるのはいかがでしょうか。聞香杯《もんこうはい》という香りを嗅ぐ器も付いているのが茶藝セットのポイントです。香り高い品種のお茶なら日本茶でも香りを楽しむことができます。いったん聞香杯に注ぐと香りが分かりやすくなり、すぐ消えずに長く残ります。香りが心地よすぎて、淹れたお茶をを飲むことを忘れそうになる時も。

1. 茶器が熱ければ熱いほど香りがよく立つので、まずは茶器を温めましょう。聞香杯に湯を注ぎ、茶杯に移し替えて捨てます。

2. 急須に茶葉を入れ、湯を注ぎ入れ、しばらくしたら聞香杯に注ぎ入れます。

3. 聞香杯に手を添え、茶杯で蓋をする。

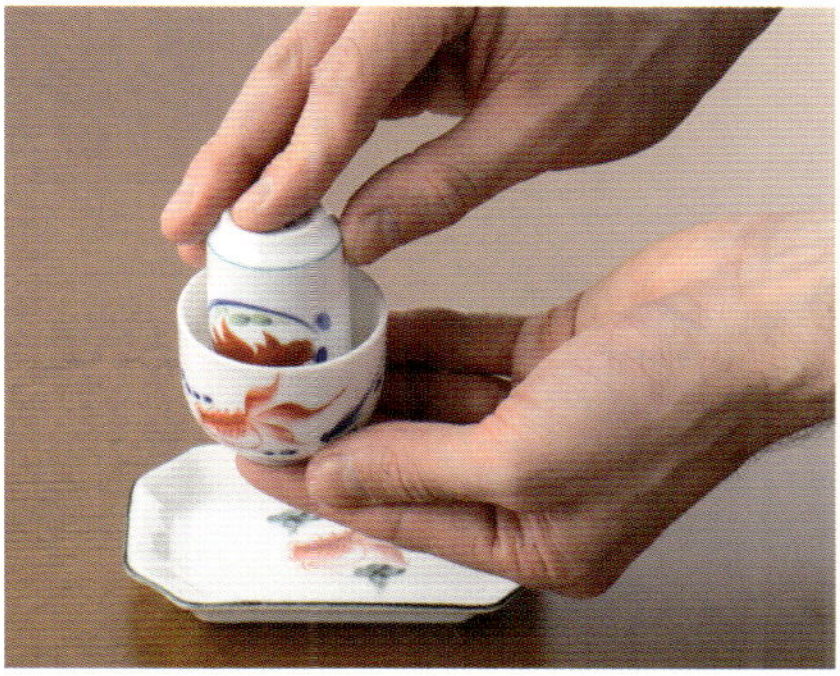

4. 茶杯と聞香杯を押さえながら、中身をこぼさないように上下を返します。

5. 聞香杯をそっと持ち上げ、お茶を残さないように水気を切ります。

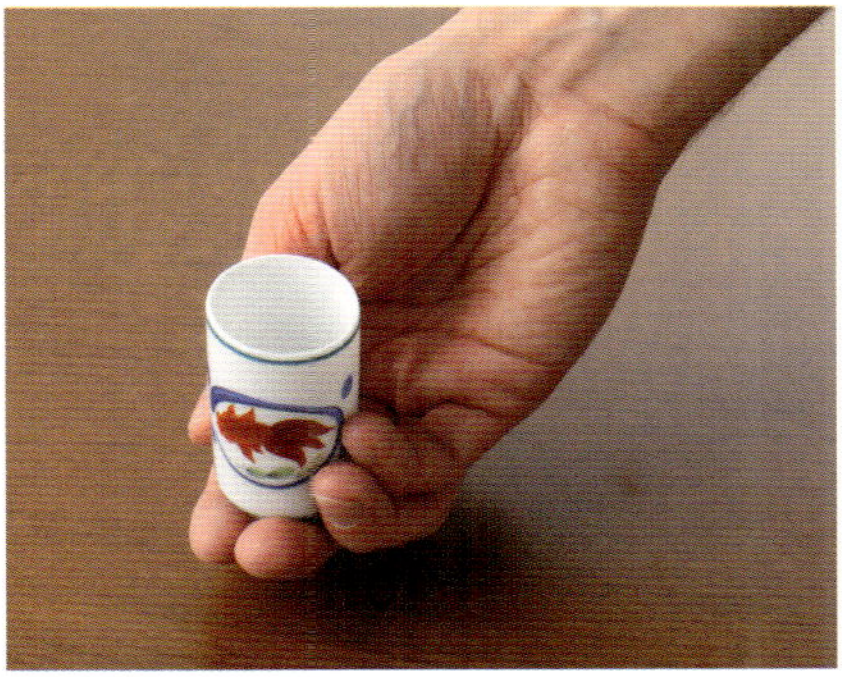

6. 聞香杯を裏返し、鼻に近づけて香りを楽しんだあとは茶杯のお茶を味わいます。

茶葉の香りを楽しむ

1. 急須に熱湯を注ぎます。

2. 急須がしっかりと温まるように湯を全体にいきわたらせます。

3. お湯を建水などに捨てます。

4. 温まった急須に茶葉を入れます。

お茶の産地に出かけた時に、製茶工場や仕上げ茶工場に立ち寄ると、何ともいえないお茶の良い香りが楽しめます。この幸せな香りを嗅ぎたいばかりに、産地詣でが何よりの楽しみなのですが、現地まで出向かなくてもその香りをある程度再現できる方法があります。それは温めた急須に茶葉を入れて、お湯を注ぐ前に茶葉の香り楽しむ方法です。茶葉そのものからは感じられなかった、ふくよかな香りが立ち上ります。

5. 急須の熱で茶葉の香りが立ち上ります。嗅いでみるととても爽やかな気分になります。

7. 湯呑みに注ぎます。香りを引き出す段階でお茶は少し弱くなりますが、まだ十分に楽しめます。

6. 香りを楽しんだら湯冷ましした お湯で淹れます。

お茶とお菓子の美味しい関係

お茶受けにお菓子はつきものですが、固定観念に縛られずに新しい組み合わせを試してみると、洋菓子やチョコレートともマッチすることに驚かれるかと思います。

塩味のおせんべいにはあっさり系のお茶、ミルクチョコには旨味系の品種茶、上品な甘味がある羊羹などは渋味が強めなお茶などと試してみるととても楽しくなります。

せんべい

おすすめのお茶

さやまかおりの煎茶
ほうじ茶
在来の煎茶

あんこ系の和菓子

おすすめのお茶

やぶきたの煎茶
蒼風など印雑系※の煎茶
さやまかおりの煎茶

※印度系茶樹の雑種のこと

羊羹

おすすめのお茶

静7132の煎茶
おくゆたかの煎茶
在来の煎茶

栗蒸し羊羹

おすすめのお茶

京番茶
ほうじ茶
やぶきたの煎茶

チョコレート

おすすめのお茶

山峡《やまかい》の煎茶
（ミルクチョコの場合）
ほうじ茶
蒼風など印雑系の煎茶
（ダークチョコの場合）

生クリーム系のケーキ

おすすめのお茶

香駿の煎茶
蒼風など印雑系の煎茶
おくひかりの煎茶

ドライフルーツ

おすすめのお茶

やぶきたの煎茶
かなやみどりの煎茶
山峡の煎茶

日本茶のヴィンテージ

熟成茶を味わう

ワインやウィスキーは熟成することが当たり前のように考えられ、緑茶は鮮度が命だと思われがちです。しかし昔は新茶志向よりも涼しい夏の山間地でしばらく保存したお茶の方が重宝されました。新茶はもちろん新茶ならではの味わいがありますが、熟成した茶の味わいも奥が深いものです。長く保存すると火香《ひか》（茶葉を加熱した時にでる香り）が落ち着き、品種の持つ香りなどが際立ち、時間とともに角がとれて温和な風味となります。記念の年のお茶を保存することも可能です。

十年熟成したお茶

熟成前

熟成後

上手に熟成できた茶葉は劣化することなく、緑色を保っています。

10年熟成させた築地山峡という高級なシングルオリジンの日本茶を味わってみると、劣化を感じることは全くなく、山峡という品種ならではのメロンのような香りが際立ち、熟成が進んでさらに美味しくなっていることが分かります。

熟成茶を作ってみる

高品質の茶葉であることがもちろん大前提ですが、熟成茶を作ることは決して難しくありません。未開封の茶を密閉容器に入れ、冷蔵庫で保存すれば十分です。あとは飲んでしまわずに我慢することだけですが、もしかするとそれが一番難しいかもしれません。

一度は味わって欲しい　珍しいお茶

手揉み茶

技術の進歩で、品質の高い機械製茶が作られるようになりました。そのため現在では、伝統技術を絶やさぬために茶師が手揉み茶を作り続けています。手揉みは時間と労力がいるので、手揉み茶はほとんど出回っていませんが、繊細な手作業による、針のようによった姿は芸術的ですらあります。機械製茶のように十分乾燥していないので、手に入った時は早めに飲むことをお勧めします。

旨味、甘味の成分であるアミノ酸が豊富で、
優しい甘味と薄黄緑のきれいな色が特徴。

白葉《はくよう》茶

一見しただけで茶葉の色の違いに驚く人も多いと思います。白葉茶はかぶせ茶の理論を極端に適用し、光を当てずに育てたものです。薄暗い中で茶樹を育てると、光合成をより効率よく行うようになり、濃い緑色のお茶になります。しかしほぼ１００％まで遮光すると今度は白化という現象が起きます。味はアミノ酸が多くなり、出汁のような旨味を感じる、珍しいお茶となるのです。

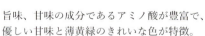

旨味を味わうなら水出しで。その後は徐々に温度を上げて楽しんでみては。

黄金《こがね》みどり

茶葉を比べると白葉茶に似ているように見えますが、ものとしては全く違います。白葉茶は栽培方法によって外観と香味が変化したものですが、黄金みどりは、茶摘みの時期に、自然に黄色の新芽が出てくる珍しい品種なのです。アミノ酸の含有量が多いため、香りよりも濃厚な旨味を楽しむことができます。そしてまずは急須の中に広がる、珍しい茶葉の色を愛でるべきでしょう。新茶の時期に黄色くなった茶園もぜひ目にしてみたい風景です。

執筆協力／吉野亜湖　蘭字／公益社団法人日本茶業中央会所蔵

1. 器に茶葉を広げます。

2. 大きめの氷を茶葉の上に載せます。透明なロックアイスがおすすめ。

3. 焦らずゆっくり氷が溶けるのを待ちます。

4. 豆茶碗を温めておくと、すすり茶を注いだ時に香りがよく立ちます。

5. 湯を捨てます。

6. 氷が溶けたら豆茶碗に注ぎ、少しずつ味わいます。2煎目は急須で淹れます。

もてなしの極み

すすり茶

最も贅沢な味わい方の一つです。小皿のような器に茶葉を均一に広げ、その上に氷を載せます。氷が溶けるとともに茶葉は水分を吸収し、優しい緑色に変化します。しばらくすると茶葉の周りに水分が浸み出してきます。わずかな量ですが、味はびっくりするほど凝縮されています。そして味わうだけではなく、日本茶の瑞々しく美しい姿を最大限に愛でることもできます。まさに日本茶ならではの楽しみ方。ぜひ一度お試しください。

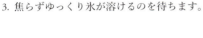

第4章

知れば楽しい

日本茶の基礎知識

これであなたも日本茶通。
知れば知るほど
楽しくなる、
とっておきのお茶情報を
お届けします。

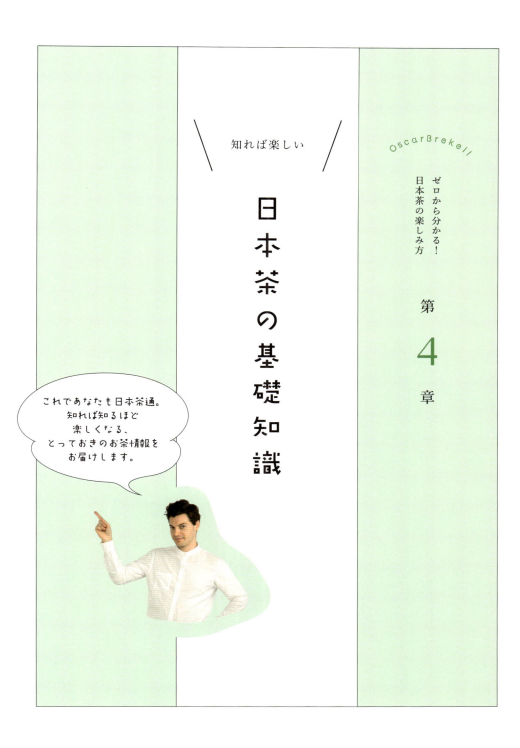

輸出茶ラベル、蘭字に見る日本茶の歴史

和食や日本酒が海外での需要を伸ばしているように、日本茶もアメリカを中心に輸出量は右肩上がりに増えています。特にアメリカの若い世代での人気が高く、コーヒーと同じ割合で飲まれているというデータもあります。日本の魅力を積極的に海外に向けて発信していこうという、「クールジャパン」戦略がようやく実を結び、日本茶の認知度が高まったのかもしれませんが、実は今よりも日本茶が大量に輸出されていた時代がありました。しかもその主な輸出先はアメリカでした。明治末期から大正の初期にかけては今と比べて何倍もの量が輸出されていました。最盛期には年間二万トンを超え、これは平成27年の約四千トンのおよそ五倍となっています。当時、横浜や神戸などの港から積み出された茶箱や茶袋には、「蘭字」と呼ばれる浮世絵師による美しい木版多色刷りのラベルが貼られていました。「蘭字」とは、江戸時代に西洋の学問を「蘭学」と呼んだように「西洋の文字」という意味です。

輸出先を見ると、カンザスやデトロイトなどになっていて、アメリカの各地で日本茶が販売されていたことが分かります。左ページの上段左は、サンフランシスコ公共図書館に所蔵されている蘭字です。当時の蘭字は日本的なデザインのものが多く使われています。このようにして茶は絹と並んで外貨を得るための有力な輸出品でした。こうした華やかな時代があればこそ、日本の茶業は今の規模まで成長してきたとも言えるのです。

日本的図案の蘭字

HEALTH CHOP
CHOICEST
PURE UNCOLORED
GUNPOWDER TEA
IMPORTED BY
UNITED WHOLESALE GROCERY Co
LOS ANGELES, CAL.

GARDEN GROWN
JAPAN TEA
FUJIYAMA TEA Co
YOKOHAMA
GROWERS, FIRERS, PACKERS.

MAIL AND RAIL
No
MAY PICKINGS
GARDEN LEAF
UNCOLORED
LBS NET
JAPAN TEA
CHINA & JAPAN TRADING COMPANY LIMITED YOKOHAMA

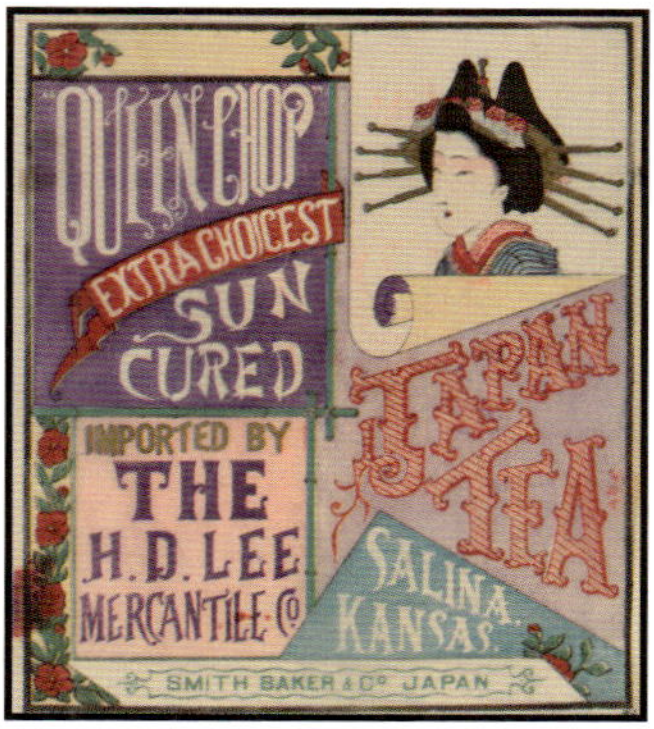
QUEEN CHOP
EXTRA CHOICEST
SUN CURED
IMPORTED BY
THE
H. D. LEE
MERCANTILE Co
JAPAN TEA
SALINA, KANSAS.
SMITH BAKER & Co JAPAN

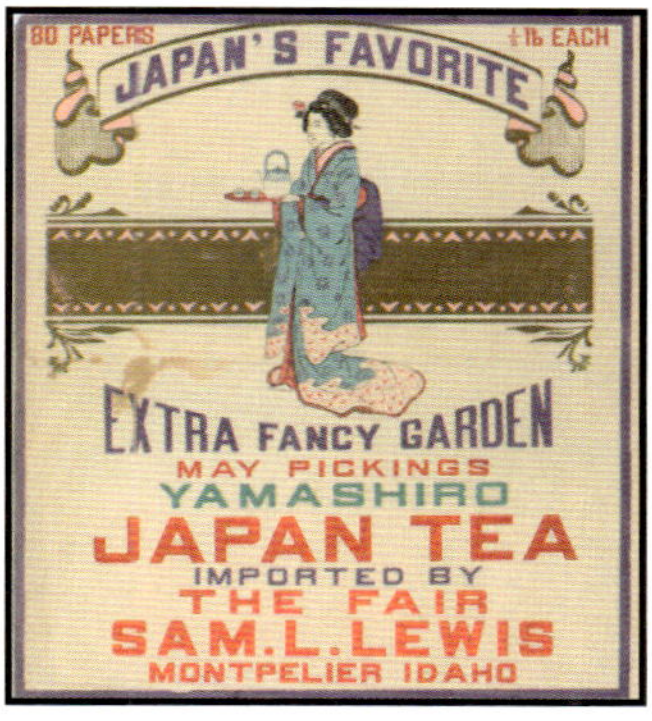
80 PAPERS
¼ lb EACH
JAPAN'S FAVORITE
EXTRA FANCY GARDEN
MAY PICKINGS
YAMASHIRO
JAPAN TEA
IMPORTED BY
THE FAIR
SAM. L. LEWIS
MONTPELIER IDAHO

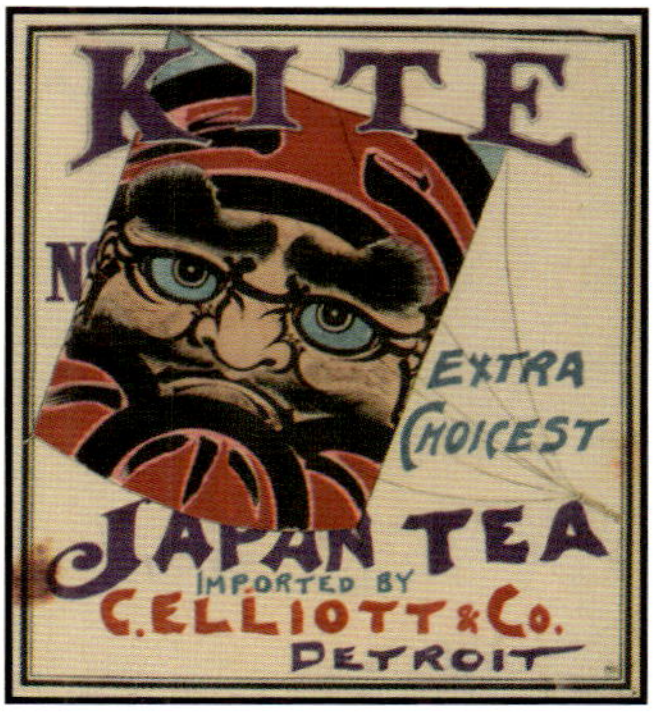
KITE
EXTRA
CHOICEST
JAPAN TEA
IMPORTED BY
C. ELLIOTT & Co.
DETROIT

戦後まで続いた蘭字

蘭字の図案は日本的なものだけではなく、西洋風のデザインもあり、輸出先の好みによってアレンジしていたことが分かります。英語の蘭字が多いのは、主要な輸出先がアメリカだったからです。中にはロシア語のラベルやフランス語のラベルもあり、日本茶が世界の国々に輸出されていたことが読み取れます。それぞれに言語とラベルのモチーフを変えただけでなく、茶葉も市場に合わせて仕上げられたり、紅茶やウーロン茶も作られたりしていました。例えば、ラベルに書いてある「パン・ファイヤード」とはどのようなお茶だと思いますか。パン・ファイヤードといえば、現在は「釜炒り茶」をイメージしますが、当時の日本茶の仕上げの一種で、蒸し製の緑茶を乾燥させる時に、鉄釜で火入れをしたのでこの名があります。アメリカで人気のお茶でした。

戦後の蘭字にはフランス語やアラビア語のものが多く見られるようになります。北アフリカの旧フランス植民地向けに輸出されていたものです。印刷形態も変わり、戦後はオフセット印刷が主流になりました。その後、日本国内での価格の上昇とともに世界市場での競争力を失うと、茶の輸出が減り、蘭字もなくなってしまいました。蘭字の多くはデザイン性が高く、日本近代グラフィックデザインの始まりとも言われるほど、価値の高いものです。日本茶が海外で注目されているのは輸出のリバイバルの兆しとして捉えられますが、こうした中で蘭字ももっと注目されるようになるかもしれません。

西洋風図案の蘭字

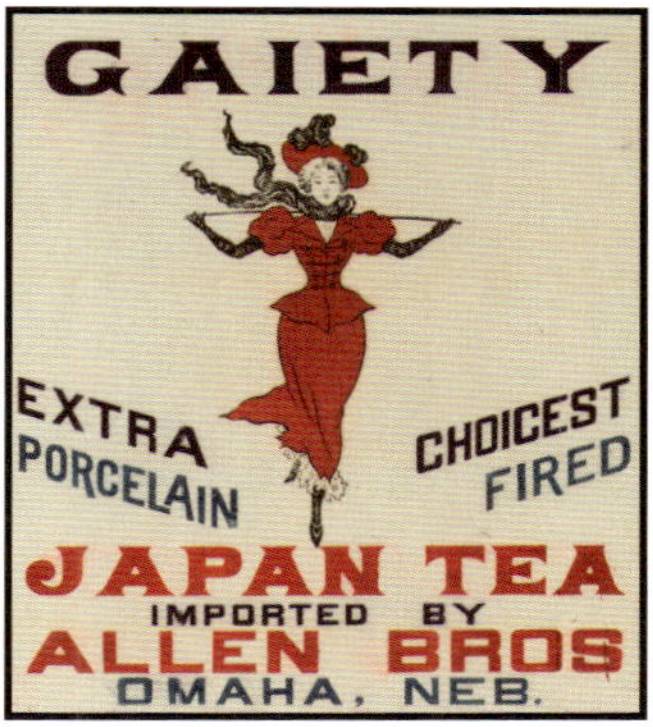

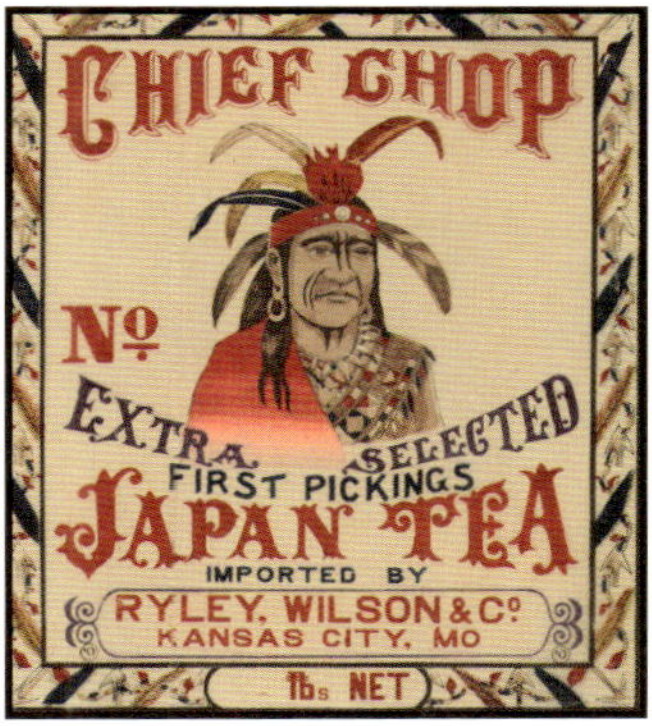

　執筆協力／吉野亜湖　蘭字／公益社団法人日本茶業中央会所蔵　サンフランシスコ公共図書館

日本茶ができるまで

茶園の一年

2月　春肥

3月～4月　萌芽

4月　防霜

4月～5月　一番茶摘み

4月上～下旬頃になると、茶の新芽は鮮やかな黄緑色に育ち、晴れた日の早朝から摘み採りが始まります。雨に濡れた茶葉は製茶に向かないので、天気の見極めは重要です。これが一番茶といわれ、その年に初めての新芽で作るお茶「新茶」になります。摘み取った茶葉はすぐに製茶工場に運ばれ、荒茶が作られます。その後、二番茶を摘む時に芽を揃えるために、茶畝の表面を刈り揃える整枝を行います。6月中～下

10月　秋整枝

12～2月　休眠

6月中旬～8月　二～三番茶摘み

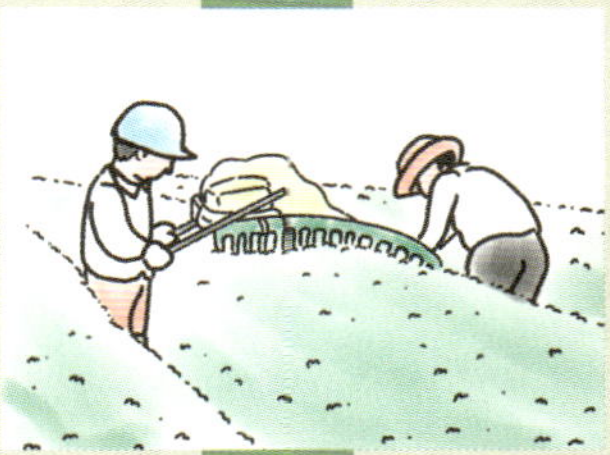

5月下旬～7月　整枝・防除

旬頃に二番茶の摘み取りが始まり、場所によっては五番茶まで摘み採ります。翌年の一番茶摘みに備え、秋にもう一度整枝し、茶樹は休眠に入ります。

茶農家が最も心配するのは、一番茶を摘む前に襲われやすい凍霜害です。春先は寒気に見舞われやすく、ひとたび霜を受けると新芽が枯れてしまいます。凍霜害よけとして、よく見かけるのが茶畑の上で回る防霜ファンです。茶畝の上空の暖かい空気を吹き降ろすことで、冷気を攪拌し害を防ぎます。

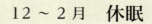

日本茶の製造工程

日本茶は茶摘みをした生葉を蒸し、お茶同士を揉み合わせながら乾燥させることでできあがります。蒸して熱を加えられた茶葉はしっとりと柔らかくなり、揉みながら乾かす工程を何度も繰り返すことで、一枚一枚の葉がきれいによられていきます。現在はすべての工程が機械化されており、手揉みと変わらぬ姿に仕上がります。高品質の日本茶は針のように伸び、鮮やかな緑色をしてツヤがあり、まるで宝石のような美しさです。

0

生葉

茶摘みしたばかりの生葉は、呼吸をしているため、熱が発生し蒸れてしまいます。そのため時間をおかずに製茶作業を進めなくてはなりません。

1

蒸熱

蒸気を利用して加熱し、酸化酵素の働きを止めます。加熱時間の長さにより味や香り、水色が変わります。

2

葉打ち

蒸した葉の表面についた水分を、攪拌しながら乾燥した熱風を送り込んで取り除きます。こうすることで茶葉の色や香味が向上します。

3

粗揉

葉打ち後にさらに乾燥を進める工程です。圧力を高め熱風をあてながら攪拌と揉み込みを繰り返します。

4

揉捻

葉と茎の水分量を近づけるため、圧力を加えて揉み込みます。ここでは加熱をしません。

5

中揉

再び乾燥した熱風を送りながら圧力を加えて揉みます。揉みながら乾燥が進むことで、茶葉は丸く、小さく、艶を帯びてきます。

6

精揉

細長い針状の形に整えながら、乾燥を進め、次に熱風を使わずに人の手で揉むように一定方向にだけ揉みます。精揉後は熱風で最終乾燥します。

日本茶の効能

日本人なら誰もが普通に飲んでいたお茶が、実は健康に良い効果をもたらしていたという話をよく耳にします。なかには、緑茶を一日〇杯以上飲むとガンを防げる！　緑茶はコレステロールの上昇を抑える！　等々、驚くべき効果を紹介している本なども見受けられます。日本茶に含まれるさまざまな成分の働きが、解明されることによりこうした健康情報が次々と生まれてきているのですが、成人病や老化などから私たちを守ってくれるという、日本茶の持つ薬効には、どのようなものがあるのでしょうか。

特に注目されているのは緑茶が持つ抗酸化作用です。緑茶には渋味の成分であるカテキンが多く含まれ、このカテキンが体の酸化を防ぐ働きをしてくれます。この他にもお茶の旨味の元でもあるアミノ酸の一種、テアニンはストレスの緩和、リラックス作用などがあるといわれています。お茶のいいところは、こうした健康効果を期待してサプリメントのようにして飲むのではなく、嗜好品として美味しく飲んでいるうちに、体に良い作用を及ぼしてくれる点にあります。好きな日本茶を飲むことが精神的にもリラックスして、健康にも良い影響を与えてくれるものだと思います。

効能 1 抗酸化作用

お茶にしか含まれない強力な抗酸化物質であるカテキンの働きにより、ストレスなどによる体内の酸化を抑えるため、老化や生活習慣病を防ぐといわれています。

効能 2 リラックス効果

お茶を飲むとほっとしますが、このリラックス効果はテアニンによるものとされています。玉露やかぶせ茶など、高級茶ほどテアニンが多く含まれています。

効能 3 肥満予防作用

お茶を飲むと痩せるのは、お茶のカロリーがごくわずかということだけでなく、カテキンがでんぷんやブドウ糖を分解する酵素の働きを阻止するためでもあります。

効能 4 風邪予防効果

茶葉に含まれるサポニンという成分は、抗菌・抗ウイルス効果が大きいことも知られています。カテキンの殺菌作用とともに風邪予防効果が期待されます。

効能 5 アレルギー軽減作用

ポリフェノールの一種であるお茶のカテキンには、皮膚や粘膜を保護し、花粉症などのアレルギーの症状を緩和する働きがあることが報告されています。

日本茶の効能は
たくさんあります。
ここに紹介するのは、
ほんの一部。

日本茶の代表的品種

「やぶきた」は1908年に静岡県で選抜されたもので、その原樹は静岡県の天然記念物に指定され、今も大切に育てられています。

ワインを作るぶどうには「シャルドネ」や「ピノ・ノワール」などさまざまな品種があるように、日本茶の茶葉にも数多くの品種があることをご存知でしょうか。日本茶はほとんどがブレンドされたもののため、これまで単品の品種茶が消費者に届くことはありませんでした。最近になり、ようやく単一品種の日本茶を味わうことができるようになり、フルーティな香りや花のような香りがするものまで幅広く楽しめるようになりました。そうしたワインに負けないほど個性豊かな品種をご紹介します。

やぶきた

日本の茶園の栽培面積の約75%を占める、日本茶を代表する存在です。旨味、甘味、渋味、苦味という、日本茶の4つの味の要素のバランスがよく取れています。あまりにも親しまれているためか、香りで注目されることはほとんどありませんが、特に山間地で栽培される高品質のやぶきたは実に良い香りがします。目をつぶって味わってみると山の茶畑が想像できるような、山の香りを感じさせる爽やかな香気が口中に広がります。そして毎日飲んでいて飽きない美味しさも、やぶきたの特徴と言ってよいでしょう。

かなやみどり

独特なミルキーな香りで知られる品種ですが、普通煎茶にした場合は、柑橘系を思わせるフルーティな香りが目立ちます。フルーツやドライフルーツをお茶請けにすると、フルーティさがより増します。

おくひかり

やぶきたと少し似ていますが、やぶきたよりも個性があり、鼻に抜けるような濃厚な香りと、凝縮感のある旨味を持つお茶です。ディープな緑茶ファンには、おくひかりを好む人が多いようです。

近藤早生

こちらもインドの遺伝子が入った極早生の品種。花の香りがし、第一印象は日本茶っぽくないところがあるように感じますが、飲めば飲むほど日本茶らしさに気づくとても面白いキャラクターのお茶です。

蒼風

インドの遺伝子が入っているいわゆる「印雑系」の品種の一つですが、マスカットっぽい甘さが特徴となっています。そのため一般的な煎茶とはだいぶ印象が異なり、どこか「海外」を感じられるお茶です。

さやまかおり

旨味よりも、山々を思わせる清涼感のある香りにキレのある渋味を持つお茶です。喉越しのよい飲みやすさで、気分まですっきりします。お茶らしい味わいを楽しみたい時におすすめです。

山峡《やまかい》

リッチな旨味にメロンのような香りがする品種です。天然玉露とも呼ばれ、週末や祝い事など、贅沢な気分を味わいたい時にピッタリ。冷茶でも濃厚な旨味が感じられるとても貴重なお茶です。

香駿

ハーブのような香りとフローラルな香りが目立つ不思議な品種で、後味も長く残り、上品なフレーバーティーといった味わいです。さっぱりした旨味のお茶で、洋菓子と一緒に楽しんだりするのも一興。

静7132

静岡県の茶業研究センターで育種され、品種登録には至りませんでしたが、桜の芳香成分クマリンを含むため、桜葉の香りが漂います。このお茶があれば一年を通じて日本の春を演出することができます。

在来

在来とは品種茶のように挿し木ではなく、自然交配によって生まれた茶の実を植えて作った茶園のお茶です。かつての茶園は茶の樹が一本一本異なり、葉の色も形も多種多様でした。香りは断然、在来の方が強く、品種茶が洗練された味だとすると、在来には野趣を感じさせる味わいがあります。戦後になって「やぶきた」の品種導入が進む前は、ほとんどの茶は在来でした。現在では全国の茶園の面積の2%（2014年）ほどしかないレアな存在となっています。

代表的な茶の産地

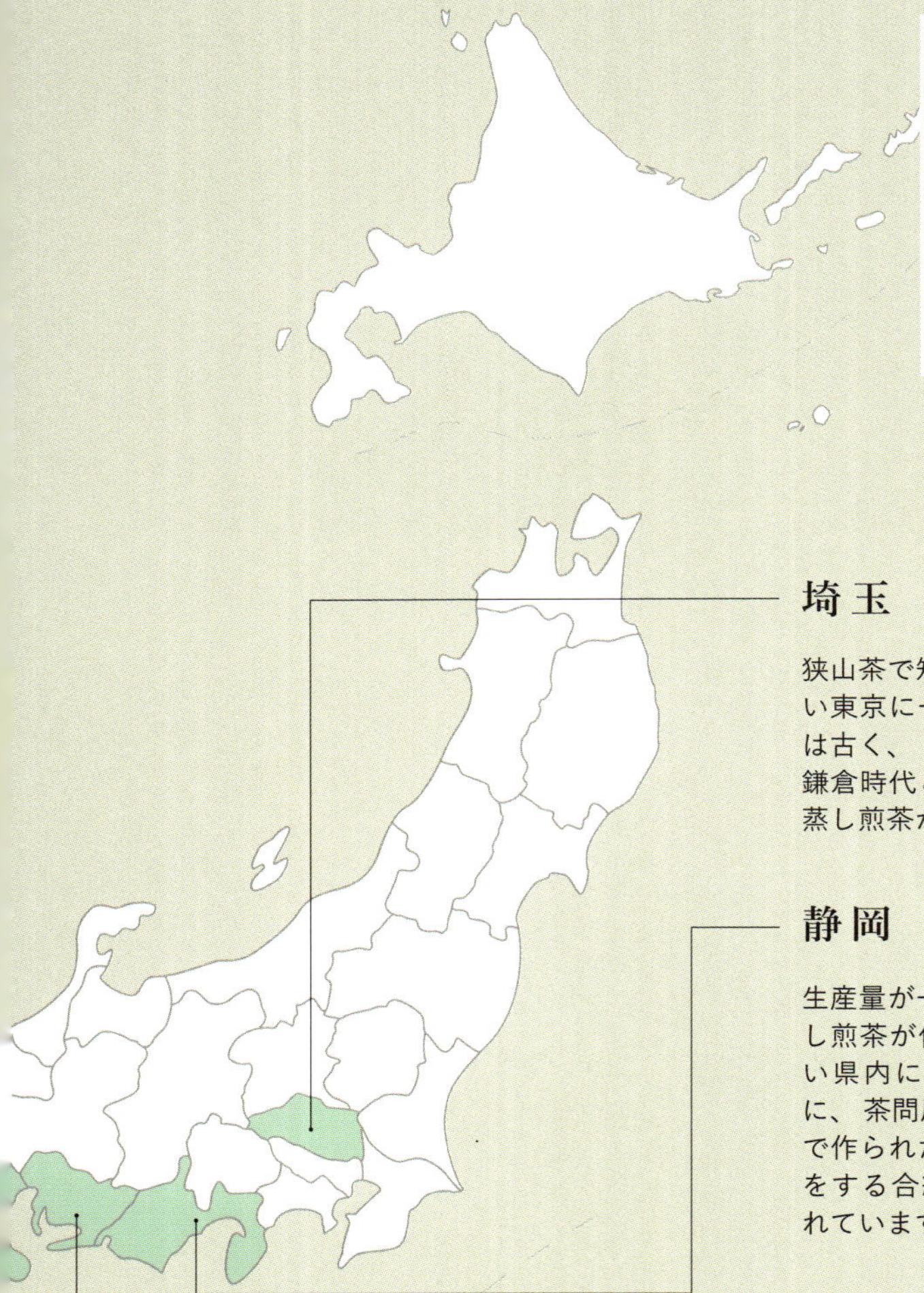

埼玉

狭山茶で知られ、お茶の消費量が多い東京に一番近い茶産地です。歴史は古く、その始まりは約800年前の鎌倉時代といわれています。主に深蒸し煎茶が作られています。

静岡

生産量が一番多く、主に煎茶と深蒸し煎茶が作られています。東西に長い県内に多数の産地があるとともに、茶問屋の数も多く、県外の産地で作られた荒茶の仕上げやブレンドをする合組（ごうぐみ）なども行われています。

愛知

京都についで抹茶の原料となる碾茶の生産量では、第2位を誇っています。

三重

生産量が第3位の三重県は主にかぶせ茶を作っています。一部は伊勢茶として出回っていますが、京都に出荷されて宇治茶とブレンドされることも多くなっています。

東北や北海道を除き、茶は全国で栽培されていますが、生産量が多い産地は東海地方、九州と関西に集中しています。寒さの厳しい日本海側で北限とされている新潟県の村上市と茨城県の大子町をつなぐ線が、日本国内の北限ラインとされています。これは世界的に見ても茶を生産する北限となっています。こうした地域では冬の間に茶樹の生育が止まり休眠することで、春の新芽には旨味が凝縮されているといわれています。一方、温暖な地域には茶どころが並び、各地でそれぞれに特徴のあるバラエティ豊かなお茶が作られています。

京都

宇治茶で知られる、古くから日本を代表する茶どころで、抹茶の原料となる碾茶や玉露など高級茶とともに、煎茶、京番茶の生産でも知られています。府外のお茶を仕入れてのブレンドも多く手がけています。

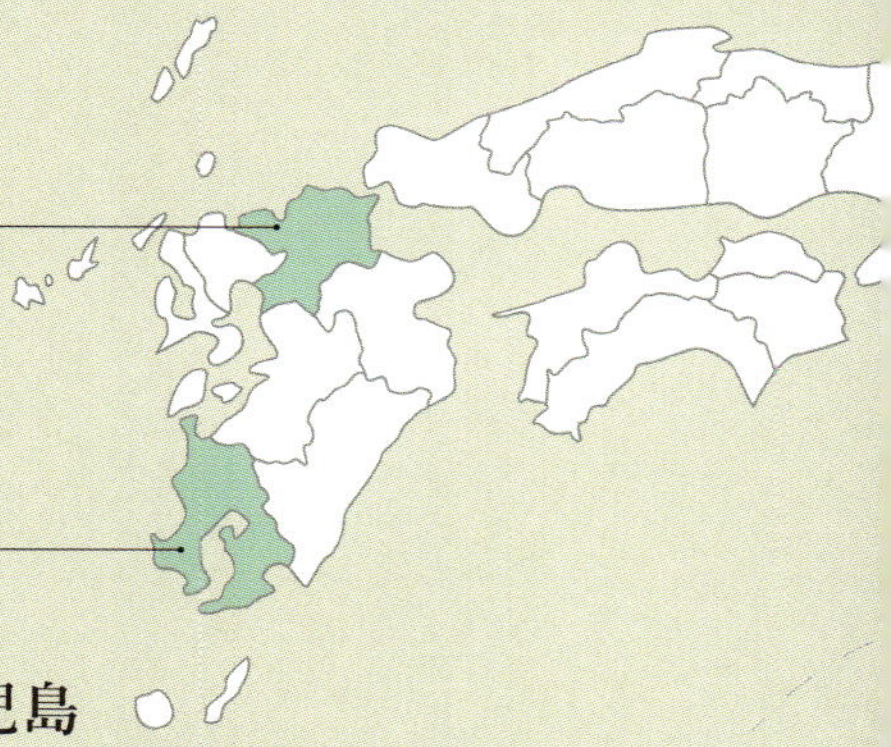

福岡

上質な茶が育つ豊かな自然環境を持ち、八女茶と星野茶で有名です。主に深蒸し煎茶が作られていますが、山間地の一部では玉露も栽培されています。

鹿児島

平坦な土地に茶園が見渡す限り広がる鹿児島では、主に深蒸し煎茶が作られています。他の産地よりも気候が暖かいことから、五番茶まで摘み採ることができるため、茶葉の生産量は静岡に次いで2位となっています。

九州その他

茶の栽培は九州全体で行われていますが、宮崎県の高千穂や佐賀県の嬉野などでは中国式の直火で炒りあげる、伝統の釜炒り緑茶も作られています。

お茶のいただき方

お茶のいただき方というと茶道を思い浮かべる方も多いでしょう。なんとなく堅苦しいイメージがありますが、そこまでフォーマルに考えずに、お茶を最大限に味わおうとする気持ちを持つことが大切です。せっかくお茶を淹れていただいた時には、スマホなどを見たり何気なく飲んだりするのではなく、少しお茶に意識を向けて味わうようにすると、淹れた人にも感謝の心が伝わります。

『集中』

『準備』

1
ぐっ
ぐっ
2
スーハー
スーハー
3
準備万端！
ジョギングでも始めるのかしら？
4
お茶〜!?
コク
コク

お茶を淹れてもらう時だけではなく、自分でお茶を淹れる時にも落ち着いて集中すると、お茶とより豊かな付き合いができます。何かを「やりながら」ではなく、一瞬でも飲むことだけに気持ちを向けたら、お茶がもっと美味しく感じるはずです。せっかくなら姿勢にも注意して、背筋を伸ばして深呼吸してからお茶を飲んでみましょう。肩の力を抜いて飲むと、ゆったりとした気分になり、お茶の美味しさが身体中に広がっていきます。

まず大事にしたいのが、
お茶を淹れてくれる人への
気遣いです。

ビジネスシーンでの楽しみ方

職場だと真面目に仕事に向かわなければなりませんが、あまりに緊張感が強いと逆に行き詰まったり、思うように進まなかったりします。ひと息いれたい時には、やはり日本茶が他の嗜好品よりも落ち着く飲み物のように思います。最近は社内会議や来客の際にも、コーヒーが出ることが多くなっています。そうした中で上手に淹れた日本茶を出すと、逆にインパク

『緊張』

チャコさんの職場
今日の会議、緊張感があり過ぎるなぁ……
ピリ
ピリ
ピリ
ピリ
そういえば…
日本茶は会議室の緊張を緩められるよ
やってみよう！

季節によって淹れ方を変えてみる

暑い夏には冷茶、寒い冬の日には熱々のほうじ茶と、気温などに合わせるとさらに美味しく感じて心も落ち着きます。おもてなしの気持ちも一層伝わると思います。

仕事に集中したい時には

職場では逆に長く集中しなければいけない時も多くあります。このような場合は頭が冴えるようにカフェインの力を借りると助かります。やや熱めに淹れることで、その効果が期待できます。

トが強くなり、おもてなしの心も伝わります。

せっかくの柔軟性のある日本茶ですから、シチュエーションによって淹れ方や、お茶自体も選び分けてみてはいかがでしょう。例えば、会議の緊張感を緩めるためにはいくつかのパターンが考えられます。じっくりと70度で淹れたお茶を飲めばホッと和みますし、香駿や蒼風などの香り高い品種で淹れると、香味の良さで落ち着きます。この場合は渋味があまり出ないようにしっかりと湯冷ましをしてから淹れるのがポイントです。

一人で仕事をしている時は

パソコンとにらめっこしている時などは、中国式にお茶の葉を直接湯呑みに入れてお湯を差してみるのも、おすすめです。上澄みだけ飲んで、減ったらお湯を足していきます。ベストな淹れ方ではないかもしれませんが、良いお茶なら十分に美味しく、長時間楽しむことができて仕事もはかどります。

家庭での楽しみ方

日本茶は暮らしの中でいつでも飲めるものです。そんな日常のものだからこそ、改めてお茶がもたらす豊かな時間、リラックス効果を再認識したいものです。一人で飲むお茶はほっと寛げる時間をつくることができますし、夫婦やカップルで飲むとお互いに向き合う機会にもなり、同じように家族とお茶を楽しむことによってお互いの関係もスムーズになるはずで

『心』

1
オスカルさんに心を込めて淹れてみよう！

2
お茶の楽しみを教えてくれてありがとう
おかげで日本茶が大好きになりました

ホームパーティでのお茶の楽しみ方

一人で何種類もお茶を揃えるのは、飲みきれなかったりすることを考えると二の足を踏んでしまいがちですが、数人集まった時ならいろいろな種類のパッケージを開けて楽しむことができます。ちょっと高価なお茶を飲み比べてみたり、お互いに好きなお茶を紹介したりすることでさらに盛り上がります。

す。日本茶はただの美味しい飲み物というだけではなく、柔軟な人間関係を築くための道具でもあるのです。ここで大事なことは「きちんとお茶を淹れる」ことです。お茶は茶器とお湯さえあればすぐに用意できます。ある意味でインスタント食品のような簡便なものでもありますが、心を込めて丁寧に淹れることで、気持ちも落ち着き、相手にも優雅な気分が伝わります。お客様を招いた時も、美しく丁寧な所作でゆっくりとお茶を淹れることで、おもてなしの雰囲気は自然と高まるものです。

3

おもてなしの心も学べました
リラックスする時間もできました
友人もできました
まだまだあります 例えば……

4

ぬ、ぬるい……
心を込め過ぎてお茶が冷めちゃった

お酒を飲む時にもお茶を

鍋パーティなどお酒を楽しむ集まりの時でも、合間にお茶を飲むと飲みすぎを抑え、酔いざましにもなります。ウイスキーなどの強いお酒をストレートで飲んだ時に、舌の味覚を戻すために飲む水などの「チェイサー」や、日本酒や焼酎に添える「和らぎ水」と同じ効果があります。

胃にやさしい淹れ方は

お茶の苦味成分でもあるカフェインやカテキンは、熱い湯で淹れると抽出されやすいので、胃の働きが弱っている時や、カフェインの代謝能力が低い子どもにはぬるい温度で淹れるようにします。ほうじ茶や番茶など渋味の少ないお茶なら安心です。

本格的な日本茶を楽しめる

「日本茶カフェ対談」

最高級の茶葉「秋津島」を 5 煎淹れてそれぞれに違う驚きの美味しさを味わえる。1600 円

和　茶茶の間店主　和多田 喜

オ　オスカル・ブレケル

茶茶の間は、一般的な煎茶のようなブレンドしたものではなく、シングルオリジン（単一産地、単一品種）のお茶を広めるために開かれたカフェです。

　そしてお茶は淹れ方で味わいが変わることを、美味しく体験できる場となっています。

オ　和多田さんと出会ったのは、留学時代に、日本茶カフェを回っている時でした。なかなか満足できるカフェに出会えなくて、でもここでお茶を飲んで感動してしまったのです。

和　お茶のことが分かる人が

日本茶カフェ情報

東京茶寮

日本茶の新スタイル！
ハンドドリップ日本茶カフェ

東京都世田谷区上馬 1-34-15
営業時間　13:00 ~ 20:00
土日祝 11:00 ~ 20:00
月曜日定休
（祝日の場合は翌日休み）
☎非公開

Satén japanese tea

**新しい日本茶ライフを
提案する日本茶スタンド**

東京都杉並区松庵 3-25-9
営業時間　10:00 ～ 21:00
不定休　☎ 03-6754-8866

日本茶専門店 茶倉 SAKURA

**常時 20 種類以上のお茶を、
ゆっくり楽しめる**

神奈川県横浜市中区元町 2-107
営業時間　11:00 ~ 19:00
月曜定休　☎ 045-212-1042

櫻井焙茶研究所

独自にブレンド＆ローストした
煎茶や番茶が味わえる。

東京都港区南青山 5-6-23
スパイラル 5 階
営業時間 11:00 ～ 20:00
茶房は平日 23:00 まで　無休
☎ 03-6451-1539

茶茶の間店主の和多田さん。2005 年に店をオープンし、日本茶を飲む楽しさとともに、淹れる楽しさも広めたいとセミナーも開催している。

カフェでは、和多田さんがお茶を淹れる姿を間近に見ることができ、日本茶スイーツ類も充実。
茶茶の間　東京都渋谷区神宮前 5-13-14
営業時間 11:00 ～ 19:00　月、火曜日定休
☎ 03-5468-8846

きたから、嬉しくてベラベラ話したのを覚えていますよ。

オ　やぶきたを見直すことになったのもこの時です。

和　味を理解してくれるだろうと感じ、僕が自信を持って薦めている、「やぶきた」の美味しさを極めた「秋津島」を飲んでもらったんですよね。

オ　お茶を淹れることのすごさは、急須があればどんな味でも作り出せること。私が感動したように多くの人に味わって欲しいんです。日本茶の奥深い世界を知るためにも、日本茶カフェに出かけて、美味しい体験をして欲しいと思っています。

終わりに

いかがでしたでしょうか。日本人ではなく、生粋のスウェーデン人である私が日本茶についての本を書いた事に驚かれた方が多いかもしれません。日本人は日本茶がいつも目の前にあるが故にその魅力に気付きにくく、海外生まれの私だからこそ日本茶を特別なものと感じられるのかもしれません。私は、日本茶が日本だけの宝物ではなく、世界遺産とまで言うべき人類の宝物だと考えています。

今後は国内に止まらず海外の多くの方にも日本茶の魅力を伝えていきたいと思っています。その一環として、私には夢があります。母国のスウェーデンはノーベル賞で有名です。毎年12月10日に首都のストックホルムで開催されるノーベル賞授賞式後の晩餐会で、いつの日か日本茶を提供したいのです。全世界から注目される豪華なイベントですので、日本茶のイメージが変わることでしょう。これまでは外国人に健康飲料として見られてきましたが、ブルゴーニュのワインやスコッチのシングルモルトのように素晴らしい嗜好品として認められるようにしたいのです。

それが実現できるまではセミナー、講演会やイベントなどを開催し、より多くの方の生活が日本茶で豊かになるように努力していきたいと思います。この本を読むことで、少しでも日本茶の可能性と楽しさが伝わったなら幸いです。

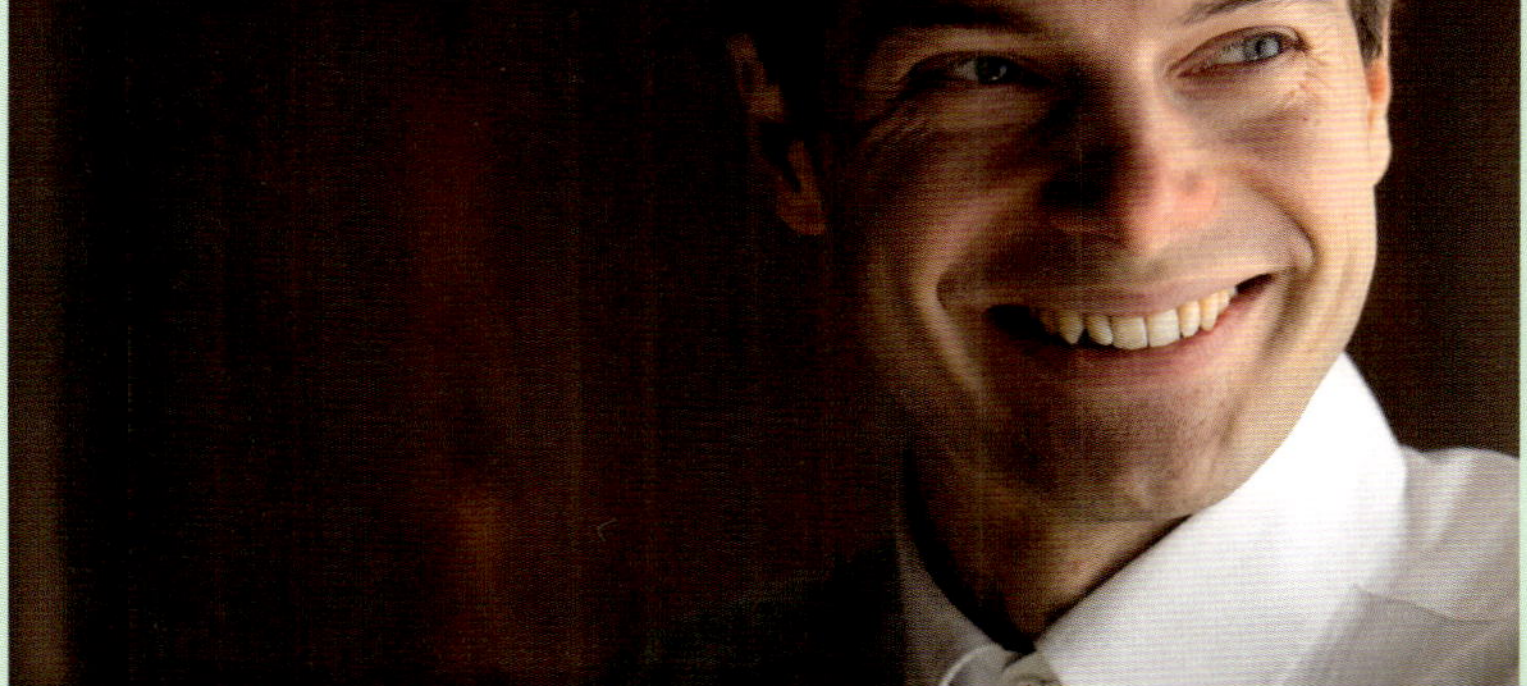

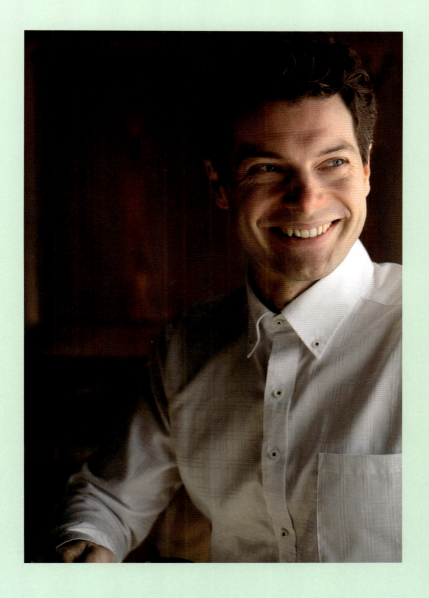

ブレケル・オスカル

日本茶インストラクター。一九八五年スウェーデン生まれ。十八歳で日本茶に魅了され、その後日本茶の専門家を志す。ルンド大学日本語学科を経て岐阜大学に留学。卒業後、日本の企業に就職。外国人として初めて、手揉み茶の教師補の資格も持つ。世界緑茶協会「CHAllenge」賞受賞。二〇一八年日本茶ブランド「Oscar Brekell's Tea Selection」発売。国内外での日本茶講習会やセミナーを通じ、日本茶の普及をめざす。著書に『僕が恋した日本茶のこと』(駒草出版)。
https://www.brekell.com/

撮影 —— 大見謝星斗（株式会社世界文化社）
漫画・イラスト —— ゆきち先生
装丁・レイアウト —— 米川リョク
編集 —— 唐沢 耕
中野俊一（株式会社世界文化クリエイティブ）
校正 —— 天川佳代子

撮影協力／斎藤正光
編集協力／石部健太朗、吉野亜湖、神長健二
写真提供／石部健太朗、本杉勇人、石橋章子、公益社団法人日本茶業中央会
茶器協力／加藤一房、磯部輝之、吉川文男、伊藤成二、石部健太朗、公益財団法人世界緑茶協会、特定非営利活動法人日本茶インストラクター協会

ゼロから分かる！
日本茶の楽しみ方

発行日 二〇一八年六月二〇日 初版第一刷発行
著者 ブレケル・オスカル
発行者 井澤豊一郎
発行 株式会社世界文化社
〒一〇二-八一八七
東京都千代田区九段北四-二-二九
電話 〇三-三二六二-五一一五（販売部）
印刷・製本 株式会社リーブルテック

ISBN978-4-418-18206-0

＊内容に関するお問い合わせは、株式会社世界文化クリエイティブ
電話〇三（三二六二）六八一〇までお願いします。